U0029147

我跟地球掰掰了

超有事
滅絕動物
圖鑑

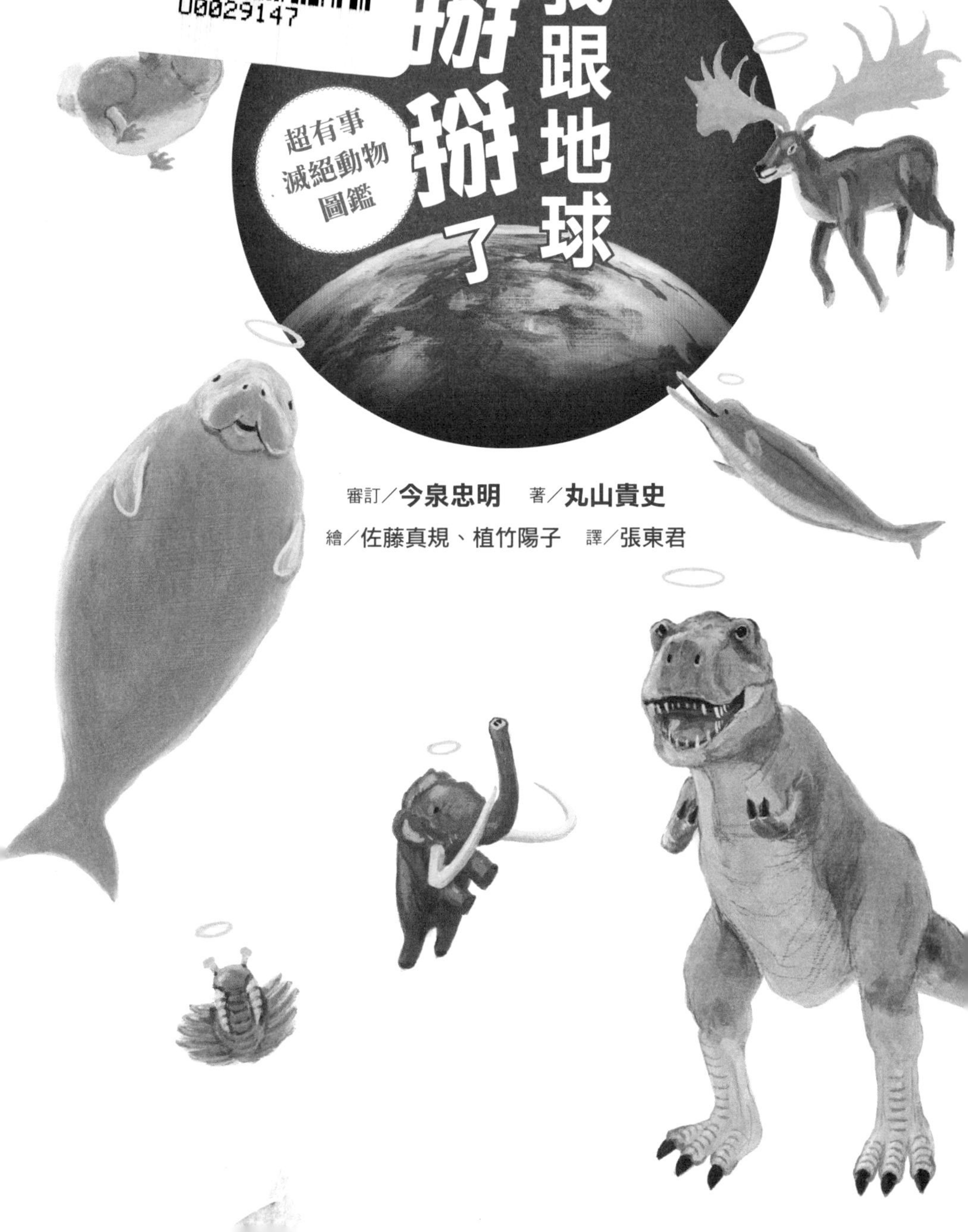

審訂／今泉忠明　著／丸山貴史
繪／佐藤真規、植竹陽子　譯／張東君

前言

一個物種或類群從地球上永遠消失身影……那就是滅絕。

這聽起來好像很糟，
但是回溯生物的歷史就會發現，
其實也只是剛好而已。
雖然動物們並不是很開心地走上滅亡之路，
不過在大滅絕之後，也會出現大幅演化的生物。

例如，多虧恐龍滅絕，
鳥類和哺乳類才有了爆發性的演化。
在撐過大滅絕的生物中，
會出現下個世代的動物。

我們的祖先也是因森林消失、草原出現這種大事件，
許多類人猿在滅絕過程中存活下來而演化成為人類。

就像這樣，滅絕雖然是大自然的一種機制，
但是「自然所引起的滅絕」以及「人類所導致的滅絕」
卻是完全不同的兩回事。

因為人類所導致的滅絕，

並沒辦法演化出後續的新生物。

這本書記載了各種不同動物滅絕的理由，
但沒有一個理由是相同的。
希望大家藉由這個機會，好好思考牠們之間的差異。

今泉忠明

我們大家，全都滅絕了

地球上首次有生命誕生，大約在四十億年前。
那似乎是大海中偶然誕生的
單單一個「細胞」。
所謂細胞，是肉眼看不到、
非常細小的最小生命單位，
這就是所有「生命」的起源。
可是既然有開始，就一定會有結束。
生命的終結是「死亡」，
而物種的終結是「滅絕」。

所謂滅絕，是指該種類的生物
從這個世上消失到連一隻都沒有留下來。

過去有許多很強的生物
以及很聰明的生物，
不過因為各種原因而全都滅亡了。

那麼，為什麼會滅亡？

在地球之前，生物無能為力

生物滅絕的理由大致可以分成兩種：

1 地球本身引起

2 其他生物引起

而占壓倒性的，多數是因為地球所引發的滅絕。

每當地球環境大幅改變時，就會導致絕大多數生物滅亡，

這就叫做「大滅絕」。

到目前為止，地球發生過好幾次大滅絕，

每次都讓地球上的成員產生非常大的改變，

留存下來的都是碰巧躲過一劫的幸運生物。

所有生物在地球之前都是平等的，

與生物本身的強弱完全無關。

第3名

人類害的

再也沒有像人類這種會導致其他生物滅亡的生物了。人類會一網打盡地過度捕獵或改變環境，進而引發滅絕。不過相較於第一名、第二名，比例上還算少。

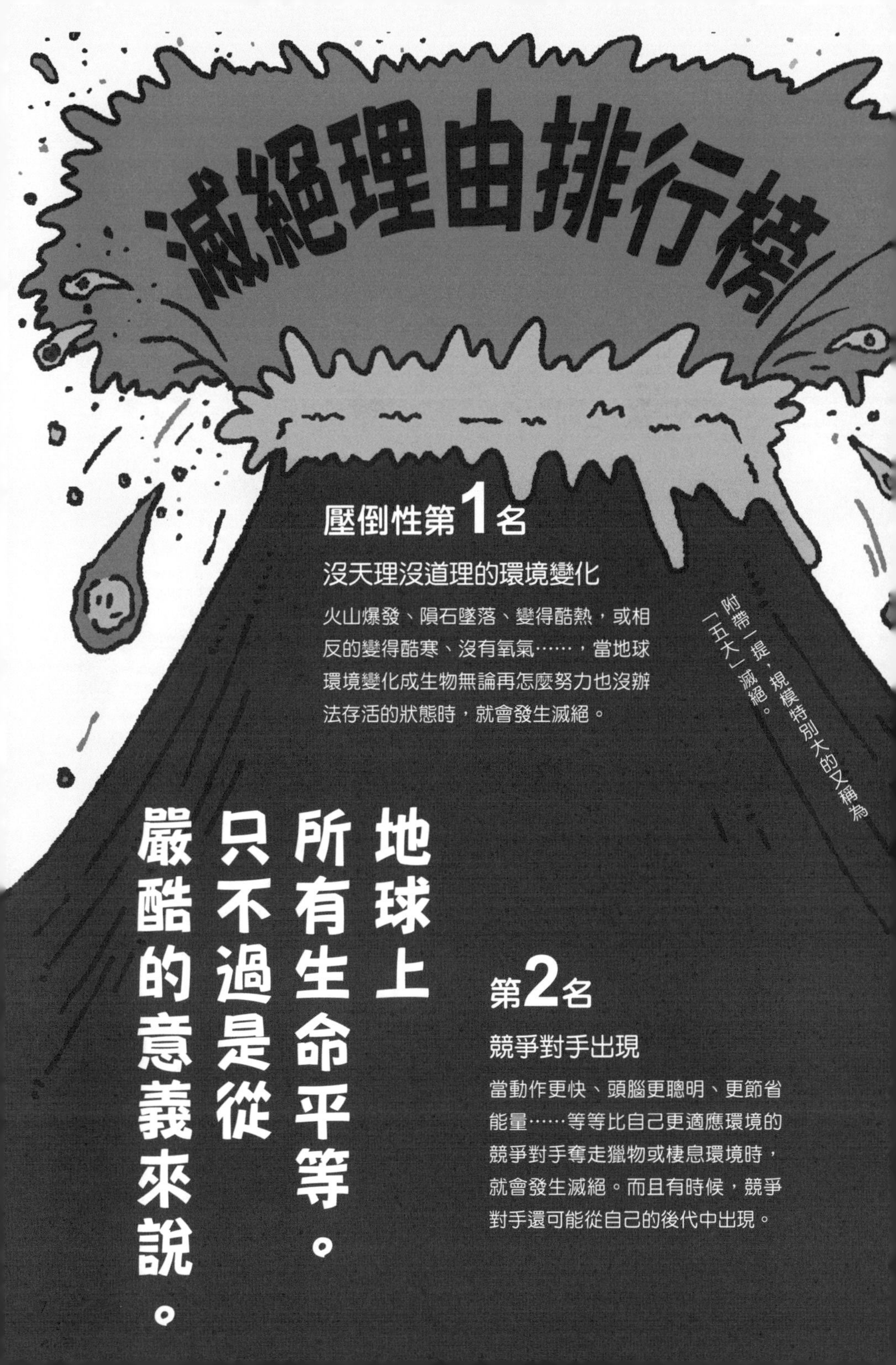

滅絕理由排行榜

壓倒性第1名

沒天理沒道理的環境變化

火山爆發、隕石墜落、變得酷熱，或相反的變得酷寒、沒有氧氣……，當地球環境變化成生物無論再怎麼努力也沒辦法存活的狀態時，就會發生滅絕。

附帶一提，規模特別大的又稱為「五大」滅絕。

地球上
所有生命平等。
只不過是從
嚴酷的意義來說。

第2名

競爭對手出現

當動作更快、頭腦更聰明、更節省能量……等等比自己更適應環境的競爭對手奪走獵物或棲息環境時，就會發生滅絕。而且有時候，競爭對手還可能從自己的後代中出現。

想存活，非常辛苦

前面說過
「沒天理沒道理的環境變化」，
面臨這種情況時究竟會發生
什麼事，大概就像這樣的感覺。
想要躲過所有危機，
怎麼想都不可能吧。
實際上，
到目前為止在地球上誕生過的
數不盡生物中，**九九．九%**的物種
都滅絕了。

地球整體
都結凍
就這樣
發生大滅絕！

地球遭塵霧覆蓋，
陽光無法抵達地面，
變得一片漆黑。
暖化導致冰融解，
陸地被水淹沒
輻射線從
宇宙照射下來
四處都有
火山大爆發
巨大隕石
墜落下來
誕生於地球上的生物，
總有一天會面臨
滅絕的命運。
但不如說
存活下來的才是例外。

滅絕，很悲慘嗎？

事情並不是這樣。

其實，滅絕並非全都是壞事。

能夠在地球上生存的生物數量是有限的。

由於空氣和水、土壤等資源有限，

生物就不能無限制地持續增加。

真要打比方的話，可以說說我們這些生物，

都像是在玩地球規模的大風吹遊戲。

只要沒有空位，其他種類的生物就沒有增加的機會。

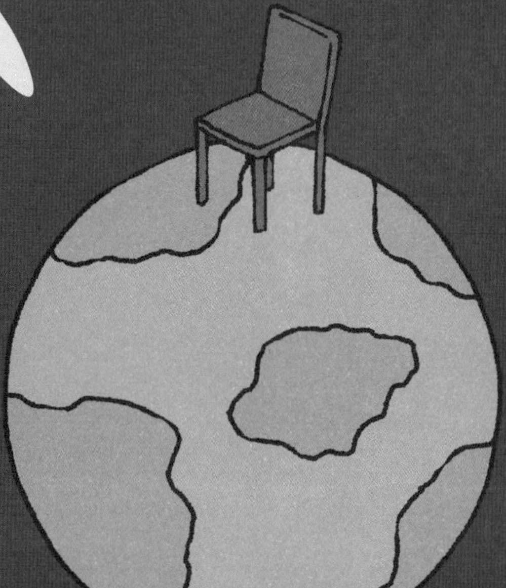

到六千六百萬年前為止，恐龍一直是地球上的王者。
由於牠們獨占了地球的好位子，其他物種就只能低調生活。
呿…

但由於隕石墜落到地球、氣候變冷，於是恐龍都滅絕了！整個地球突然空出了好多位子。
啊！

搶到這些空位的是哺乳類和鳥類。牠們侵入陸地、海洋、天空這所有的環境，身體一下子變大，也出現了各種不同外型的動物。

換句話說，如果恐龍沒有滅絕，我們人類也不會誕生。

滅絕和演化是一體的兩面。

雖說如此，還是不想滅絕！

滅絕，會公平地造訪每一種生物。
也就是說，現在正在讀這本書的你，
或許正有一隻滅絕的魔手
從背後偷偷伸過來。

不過，我們人類
有著可以用來面對滅絕的「武器」。

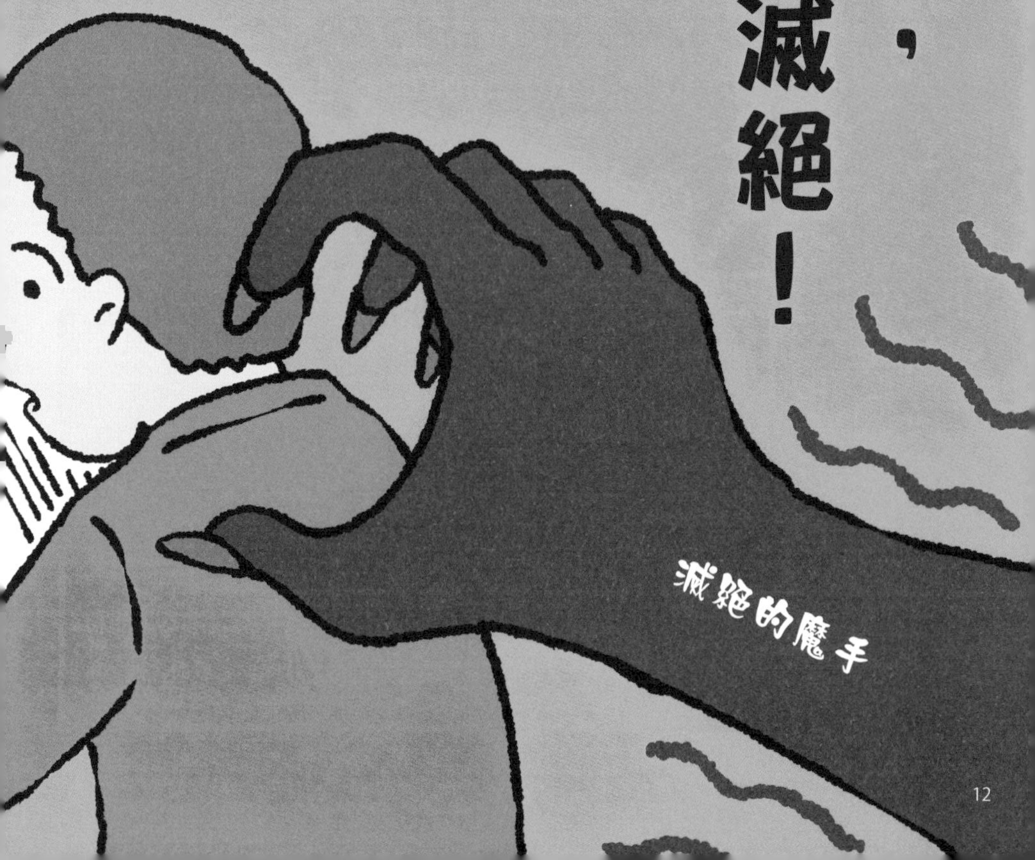

那就是學習，然後思考。
只要知道各種生物之所以滅絕的原因，
也許就能想出讓我們今後在地球上繼續
存活的方法。

所以呢
讓我們直接去問
已經滅絕的生物滅亡
的理由吧！

目次

1 因為大意，所以滅絕

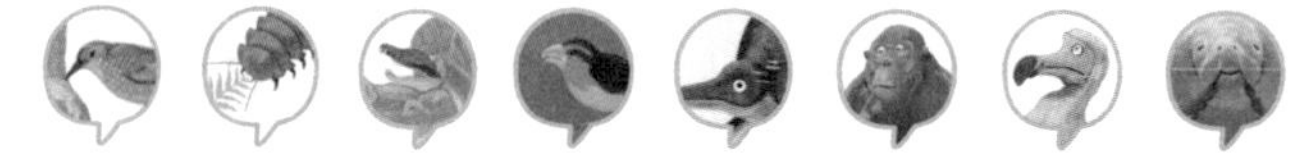

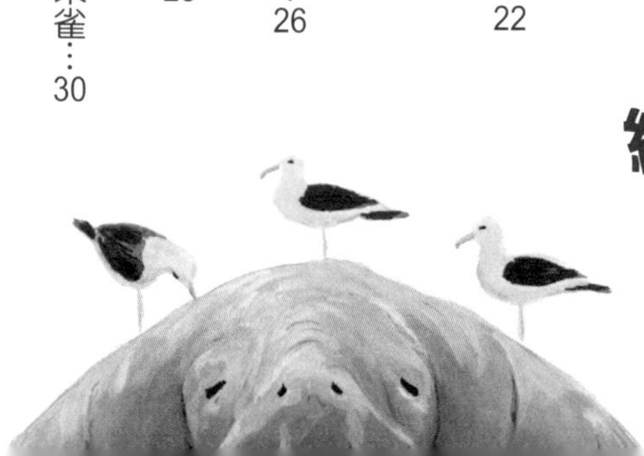

2 因為太過頭，所以滅絕

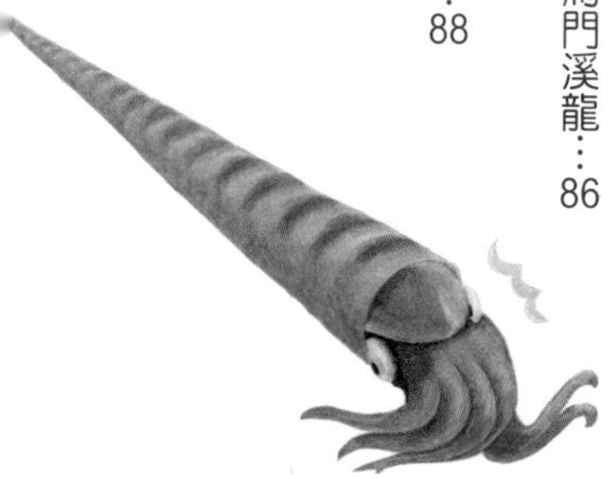

3 因為笨拙，所以滅絕

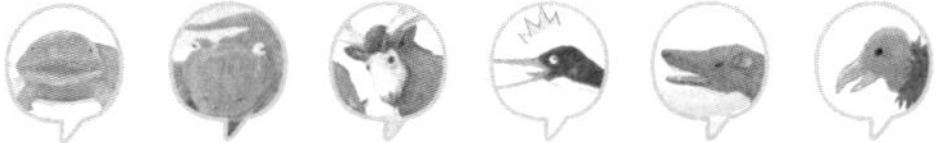

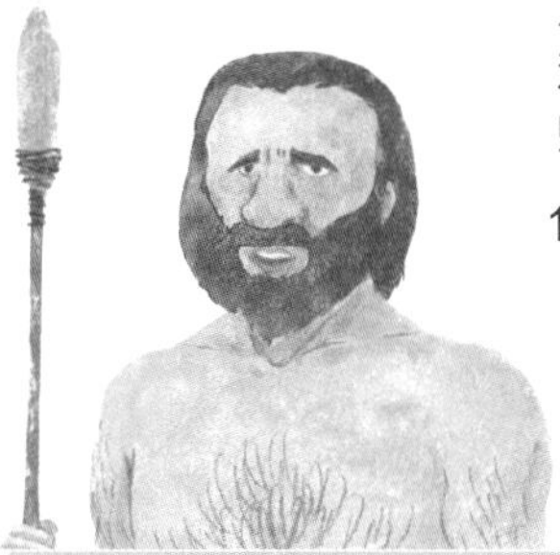

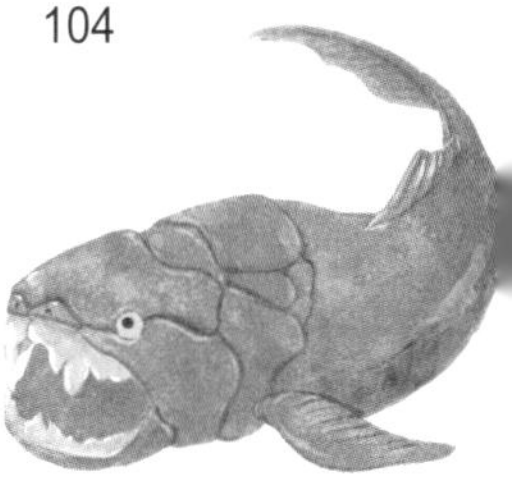

4 因為運氣不好，所以滅絕

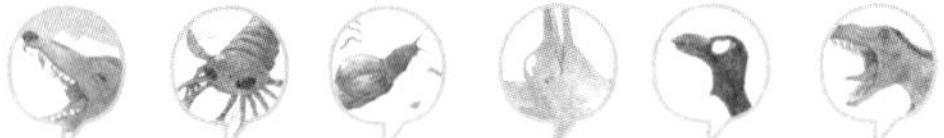

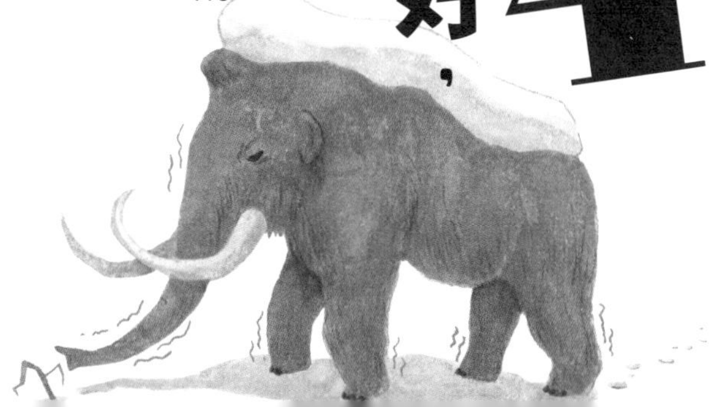

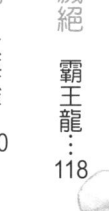

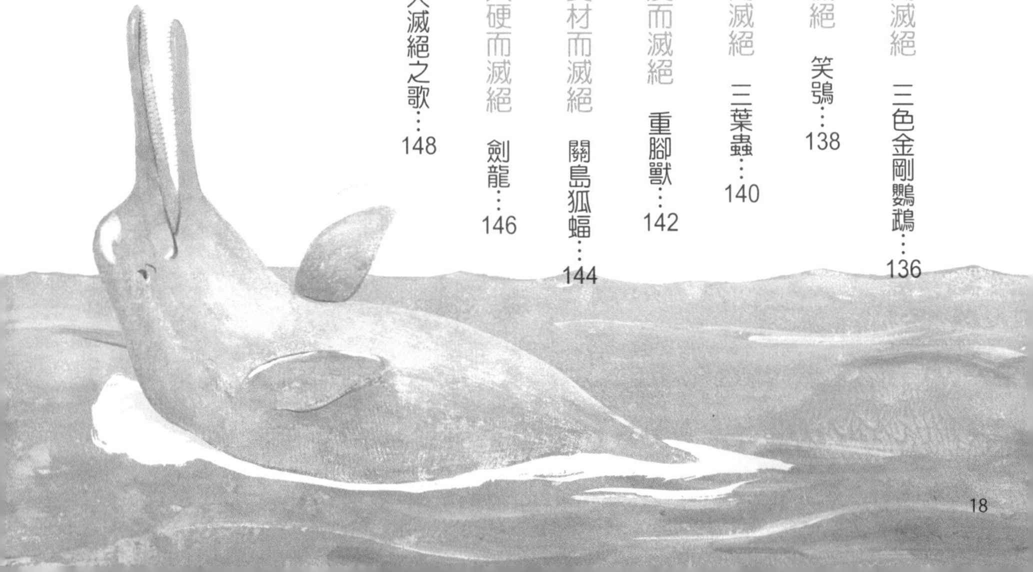

5 好像會滅絕，可是沒發生

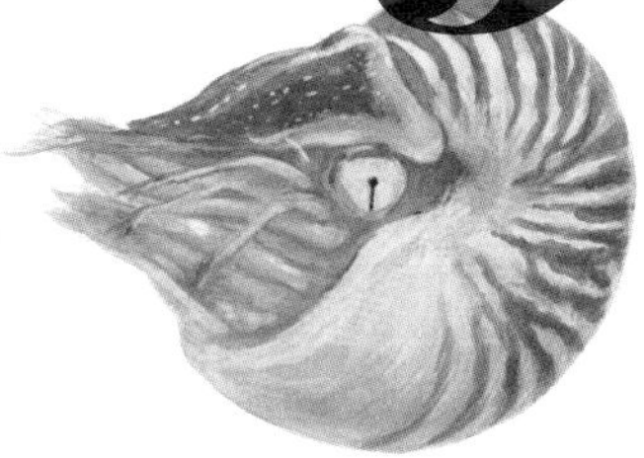

看懂門道，快樂讀本書的方法

這是一本無論是誰、什麼時候讀、從哪裡讀都無所謂的書，
只要豎耳傾聽那些滔滔不絕述說各種生物的滅絕理由就好。
話說回來，大家知道「數據」的有趣之處嗎？
其實，本書列載了許多資料，
若有閒情逸致，參考一下那些資料並好好玩味一番，也是很有趣的喔。

❶ 基本資料

可以知道動物的實際外型、身體大小（依動物而有不同的測量方式）、棲息地等。「原來是吃這些東西啊」、「怎麼好像住在很冷的地方啊」等等，不論是加深對該動物的了解或與其他動物做比較，都是很好的。

❷ 解說

能夠詳細認識動物生態、滅絕的理由。搭配基本資料一起看，也許更容易想像牠們活著時的樣子。

❸ 生存年代

該動物是在何時出現、何時滅絕，只要瞥一眼就能知道大概的期間。其中有生存期間很長的物種，也有在短時間內就滅亡的物種。

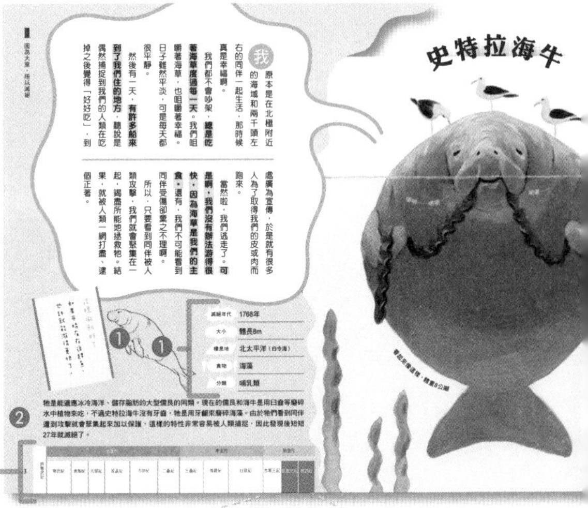

新生代						
古第三紀			新第三紀		第四紀	
古新世	始新世	漸新世	中新世	鮮新世	更新世	全新世

←現在是這裡

我們活著的「現在」相當於新生代。雖然新生代大致區分成三個「紀」，其實又被細分成七個「世」。由於非常繁雜，所以沒有載明棲息年代，不過要是記得，就能獲得更正確的滅絕資訊。

那麼，就照自己的意思讀吧。

1

因為大意，所以滅絕

不論是哪種生物，都有過美好時代。
只不過那並不是永恆。
在鬆懈的瞬間，滅絕已經逼近身邊。

史特拉海牛

太有情義而滅絕

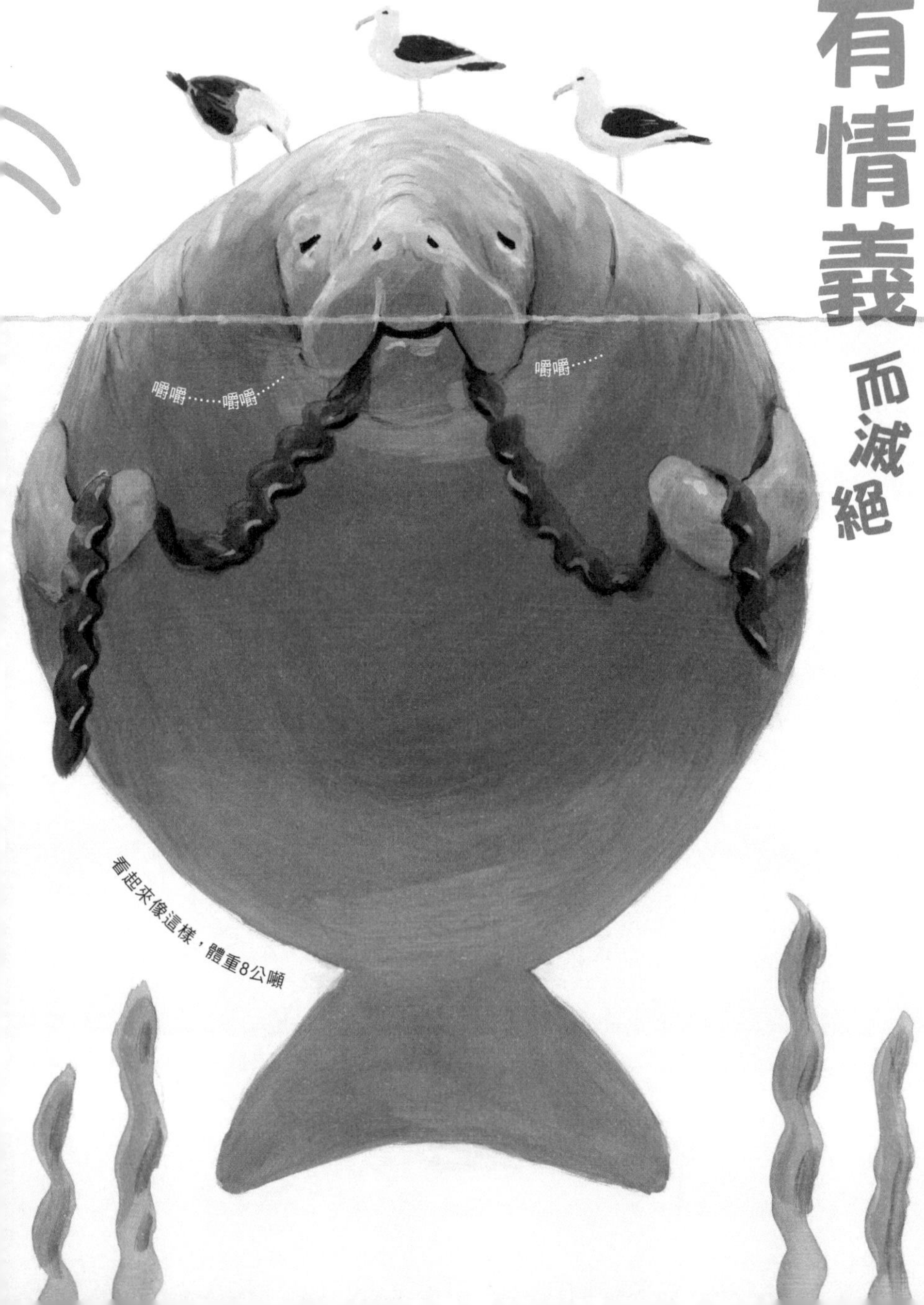
嚼嚼……嚼嚼……
嚼嚼……
看起來像這樣，體重8公噸

我原本是在北極附近的海域和兩千頭左右的同伴一起生活，那時候真是幸福啊。

我們不會吵架，**總是吃著海草度過每一天**。我們咀嚼著海草，也咀嚼著幸福。日子雖然平淡，可是每天都很平靜。

然後有一天，**有許多船來到了我們住的地方**，聽說是偶然捕捉到我們的人類，在吃掉我們之後覺得好好吃，到處廣為宣傳，於是就有很多人為了取得我們的皮或肉而跑來。

當然啦，我們逃走了。**可是啊，我們沒有辦法游得很快，因為海草是我們的主食。**還有，我們不可能看到同伴受傷卻棄之不理啊。

所以，只要看到同伴被人類攻擊，我們就會聚集在一起，竭盡所能地拯救牠。結果，就被人類一網打盡、逮個正著。

這樣做就好了
如果平時有在追趕魚，
也許就能游得更快了。

滅絕年代	1768年
大小	體長8m
棲息地	北太平洋（白令海）
食物	海藻
分類	哺乳類

牠是能適應冰冷海洋、儲存脂肪的大型儒艮的同類。現在的儒艮和海牛是用臼齒等磨碎水中植物來吃，不過史特拉海牛沒有牙齒，牠是用牙齦來磨碎海藻。由於牠們看到同伴遭到攻擊就會聚集起來加以保護，這樣的特性非常容易被人類捕捉，因此發現後短短27年就滅絕了。

	古生代						中生代			新生代		
前寒武紀	寒武紀	奧陶紀	志留紀	泥盆紀	石炭紀	二疊紀	三疊紀	侏羅紀	白堊紀	古第三紀	新第三紀	第四紀

缺乏警戒而滅絕

度度鳥

哎呀，竟然這樣就滅絕了。什麼？太過悠哉嗎？還真的經常有人這樣說呢。

我們原本住在非洲附近的小島上，但是從四百多年前起，開始有許多外國船隻前來造訪。

然後，當人類靠近的時候，**我們也會因為覺得「怎麼了怎麼了」而靠過去，結果就這樣被抓去吃掉了。**真是的，讓人好驚

訝喔。

那是因為我們在那之前從來沒有遇過敵人。我們既不會飛又跑不快，一伸手就唰唰唰地被抓到了。

最多的時候，一天可以被抓走兩百隻左右。

還有啊，人類把狗或老鼠帶到島上來，把我們的蛋也吃掉了。

雖然我們好歹也算是鳥類，不過把蛋產在地面上，這也實在是太沒有警覺性了……。

這樣做就好了

如果把蛋藏在洞裡，或

是更有警戒心的話呢。

滅絕年代	1681年
大小	全長1m
棲息地	模里西斯島
食物	果實
分類	鳥類

雖然看起來是這樣，但度度鳥和鴿子是同類。牠們應該是從非洲等地飛來的祖先，在沒有天敵的島上體型變大，然後漸漸變得不能飛吧。模里西斯島是因火山活動而誕生的孤島，所以除了蝙蝠以外，不曾有哺乳類登陸。由於牠們一直生活在安全的環境中，因此對突然出現的人類完全沒有警戒心。

真要比的話，烏龜還比較快

前寒武紀	古生代						中生代			新生代		
	寒武紀	奧陶紀	志留紀	泥盆紀	石炭紀	二疊紀	三疊紀	侏羅紀	白堊紀	古第三紀	新第三紀	第四紀

輸給大貓熊而滅絕

步氏巨猿

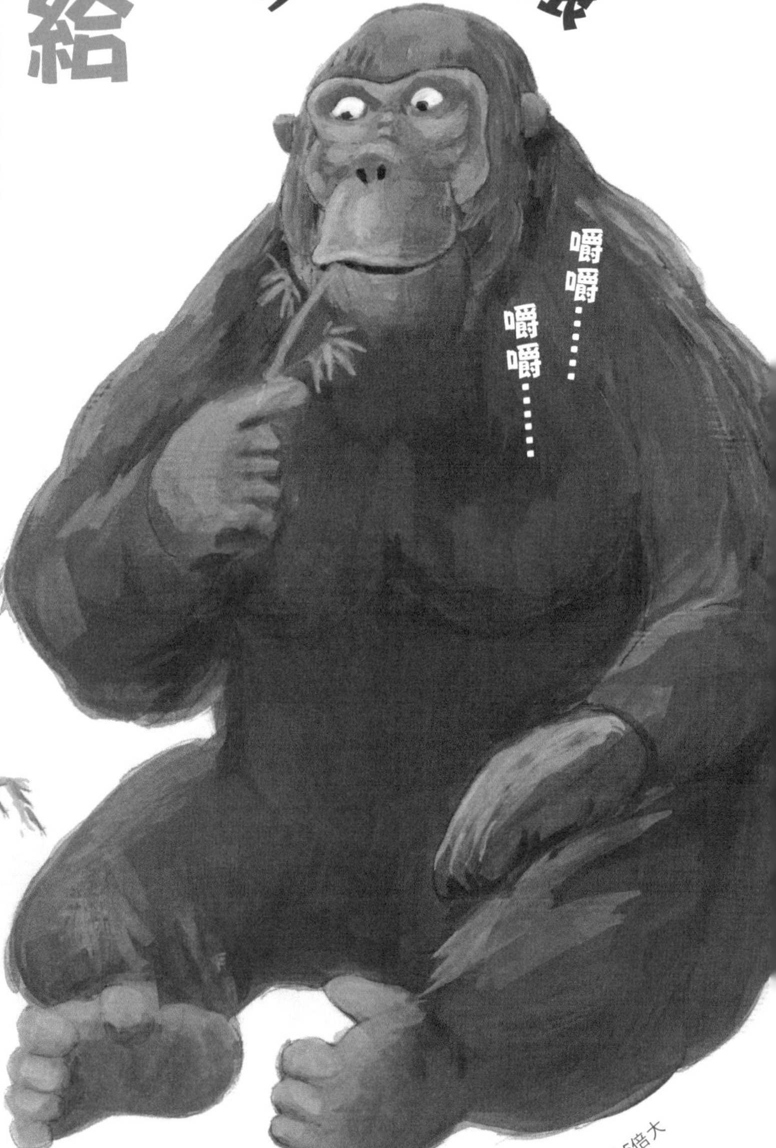
嚼嚼……
嚼嚼……

大約是金剛猩猩的1.5倍大

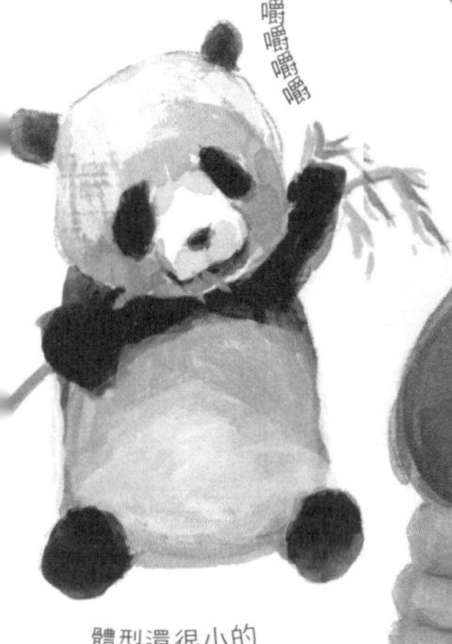
嚼嚼嚼嚼嚼嚼嚼

體型還很小的
大貓熊祖先

哎，沒有吃飽的感覺啊……。我們雖然身體很大，實際上是吃素的植食性動物。

最早是在現今中國一帶的森林中生活，水果也是吃個不停呢。

但是隨著時代的腳步，能夠生活的森林減少了，水果也變少，那時我們注意到的是赤竹。

老實說，我很迷惘。周圍的動物一定都覺得：「什麼？姊姊你居然連赤竹也看得上眼（笑）？」**因為赤竹就是那種沒什麼營養、誰都不吃的東西呢。**

儘管如此，我還是吃了，拋下我的自尊與驕傲吃了。

不過，**在同一個時期出現了大貓熊那傢伙。**牠長著一副可愛的臉蛋，可是食量大得不得了！

正因為如此，赤竹的數量就變得不夠，於是身體巨大的我只能先滅絕了。

這樣做就好了
如果能尋找赤竹以外的
食物，或是搬去不同的
地方場所就好了。

滅絕年代	第四紀（更新世後期）
大小	身高3m
棲息地	亞洲
食物	植物
分類	哺乳類

步氏巨猿是史上最大的靈長類；其實是和我們（人類）很接近的類人猿，但因為發現到的化石只有巨大的下顎骨及牙齒，所以不清楚牠們的實際大小和外型。由於第四紀時，整個地球都變冷且森林變少，導致食物不足。一般認為，牠們是在那時候開始採食生長快速的赤竹，不過因無法獲得充分營養而滅絕了。

前寒武紀	古生代						中生代			新生代		
	寒武紀	奧陶紀	志留紀	泥盆紀	石炭紀	二疊紀	三疊紀	侏羅紀	白堊紀	古第三紀	新第三紀	第四紀

烏賊數量不夠而滅絕

嗚

嗚——咕！烏賊不見了啦。

因為海底火山轟隆隆的不斷爆發，導致烏賊缺氧都死掉了。

那是因為我只吃烏賊過活啊，這下可糟糕了，我可是完全不會捕捉其他獵物的方法哩。

什麼？吃魚不就好了？用超音波尋找獵物在哪裡……那是海豚啦！我不是海豚，是魚龍！**我只能用眼睛咕溜**

因為大意，所以滅絕

咕溜地邊看邊找獵物喔。

從兩億五千萬年前起，我就是以這種型態支配大海超過一億年的時間呢！**如果從外表來判斷，卻搞錯了物種，那可不行！**

真是的，氣到肚子餓了。讓我找隻烏賊來吃，平靜一下……。

啊，嗚嗚——呿，沒有烏賊了啦！

＊數數看：文中總共出現幾次「烏賊」呢？

回答：5次

這樣做就好了
如果不挑食
就好了……

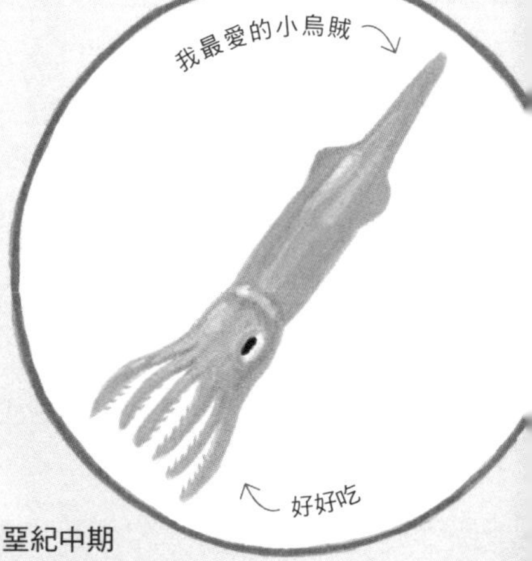
我最愛的小烏賊
好好吃

在中生代時期，恐龍是陸地上很繁盛的生物，魚龍則是海中很繁盛的爬蟲類。有一說認為魚龍會滅絕，是因為海底火山爆發所造成。由於火山爆發的影響，使得海中氧氣消失，作為魚龍主食的箭石（Belemnites，與烏賊為近親的頭足類）數量銳減，結果魚龍就餓死了。附帶一提，由於海豚適應了和魚龍同樣的環境，所以剛好演化成相似的外型，不過兩者是完全不同的生物。

滅絕年代	白堊紀中期
大小	全長0.3～21m
棲息地	世界各地的海洋
食物	箭石
分類	爬蟲類

	古生代						中生代			新生代		
前寒武紀	寒武紀	奧陶紀	志留紀	泥盆紀	石炭紀	二疊紀	三疊紀	侏羅紀	白堊紀	古第三紀	新第三紀	第四紀

山羊是大胃王而滅絕

各位朋友，大家都好嗎？我是小笠原朱雀喔。

我直到江戶時代末期滅絕之前，都是生活在日本的小笠原群島上。

由於從前沒有人類也沒有敵人，所以我就**很幸運地靠著撿拾掉落在地上的果實過日子。**

如你所見，雖然我是鳥類，**可是我不太喜歡飛呢。**

啊呀，對了，還有山羊！

自從那些仁兄來到這座島之後，一切變得不一樣了。

從一八三〇年左右起，來自各個地方的人搬到島上來住，**但是他們帶來的山羊卻把地上的植物全部吃得一乾二淨。**

也因為如此，我們只能遺憾地盯著地上看了！

小笠原朱雀

就算緊盯著地面，也只有土而已

滅絕年代	19世紀前半
大小	全長16cm
棲息地	小笠原群島
食物	果實等
分類	鳥類

這樣做就好了
從樹上下來在地面上生活，是最大的失敗。

朱雀的日文名為「Mashiko」，指的是「Mashira（古時候對猴子的稱呼）的孩子」，這是把臉部紅色比喻為猴子的意思。小笠原朱雀在地面上或低矮樹枝上吃果實或新芽，不太會飛到高處樹枝上。雖然小笠原群島一直到19世紀都渺無人煙，但是當家畜等動物隨著人類進入島上，牠們的食物就被山羊奪走，又遭到貓攻擊，蛋也被老鼠吃掉，因此很短時間內就滅絕了。

	古生代						中生代			新生代		
前寒武紀	寒武紀	奧陶紀	志留紀	泥盆紀	石炭紀	二疊紀	三疊紀	侏羅紀	白堊紀	古第三紀	新第三紀	第四紀

離不開河川而滅絕

A：河川好窄啊。

B：你們這些傢伙去別的地方啦。

C：我現在正在做日光浴，沒辦法。

A：背上的帆實在很礙事，不想在陸地上走。

B：果然還是只能待在河裡嗎？

AC：真是別無他法。

B：那麼乾脆去大海如何？

A：海洋不可能啦。

C：像魚龍或蛇頸龍這些擅

棘龍

長游泳的傢伙不是都去那裡了？
B：沒辦法跟牠們比啦～～
A：可是，肚子餓了耶。
C：沒有魚哩。
B：哎呀，都被我們吃光光了吧。
A：啊哈哈哈哈哈哈哈。
B：……………。
A：抱歉，這不是應該笑的場合。
C：小恐龍還是什麼的不來喝水嗎？
B：我們外型這麼明顯，應該沒有動物會傻傻地湊過來吧……
全員：哎呀～～

這樣做就好了
B：「身體小一點還有轉圜的餘地。」
A C：「是啊。」

棘龍是最大型的肉食恐龍。牠們利用水的浮力支撐身體而發展出巨大體型，要在陸地上行走就很吃力。然而牠們很擅長游泳，一般認為牠們是用長長的喙部在水裡捕魚吃。雖然牠們生活在河川或湖泊，在數量增加、獵物變少之後，很難靠著在陸地上行走而移動到其他河川，或許因此而逐漸滅亡了吧。

滅絕年代	白堊紀中期
大小	全長16 m
棲息地	非洲
食物	魚
分類	爬蟲類

	古生代						中生代			新生代		
前寒武紀	寒武紀	奧陶紀	志留紀	泥盆紀	石炭紀	二疊紀	三疊紀	侏羅紀	白堊紀	古第三紀	新第三紀	第四紀

進食速度太慢而滅絕

咦……我是不是被盯上了？可是我的食欲停不下來。蕨類植物真是好吃，根本停不下來啊。

總覺得三億年前左右的空氣好像很乾燥，居住的森林變小了。

於是，在同一時期出現許多像蜥蜴那樣的爬蟲類。起初我覺得牠們又小又可愛，但不久後，**牠們竟然開始把我當成食物。**原來如此，這讓我覺得很難過。

雖然我的外表看起來很粗獷，實際上很不擅長爭鬥。吃的都是葉子之類的東西，身體很重，移動速度也慢吞吞……，所以根本沒有辦法離開森林逃走啊。

然後，**我的天敵居然在我悠哉吃植物的時候來吃我，**我自己也在吃東西啊……

因為大意，所以滅絕

徹徹底底地我行我素

節胸蜈蚣

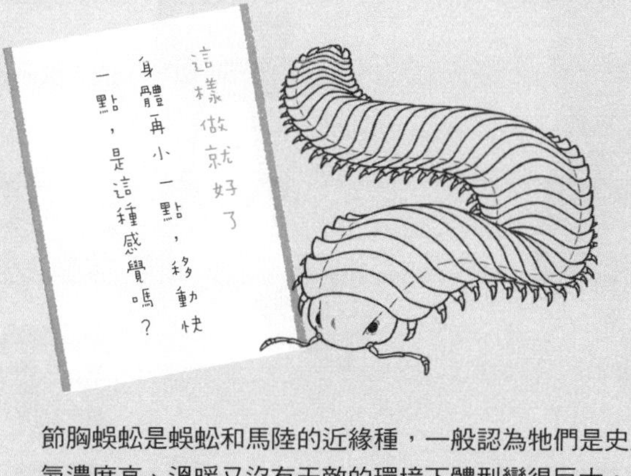
這樣做就好了
身體再小一點，移動快
一點，是這種感覺嗎？

滅絕年代	石炭紀末期
大小	體長2.3m
棲息地	北美
食物	植物
分類	多足類

節胸蜈蚣是蜈蚣和馬陸的近緣種，一般認為牠們是史上最大的陸生節肢動物。雖然在氧氣濃度高、溫暖又沒有天敵的環境下體型變得巨大，但接近二疊紀時，由於氣候逐漸變乾燥，數量就減少了。除此之外，由於新演化出來的爬蟲類會捕食牠們，結果讓牠們走上滅絕之路。

	古生代						中生代			新生代		
前寒武紀	寒武紀	奧陶紀	志留紀	泥盆紀	石炭紀	二疊紀	三疊紀	侏羅紀	白堊紀	古第三紀	新第三紀	第四紀

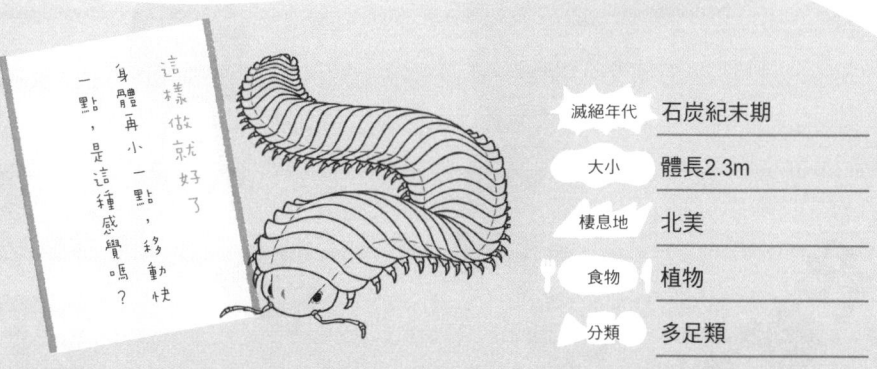

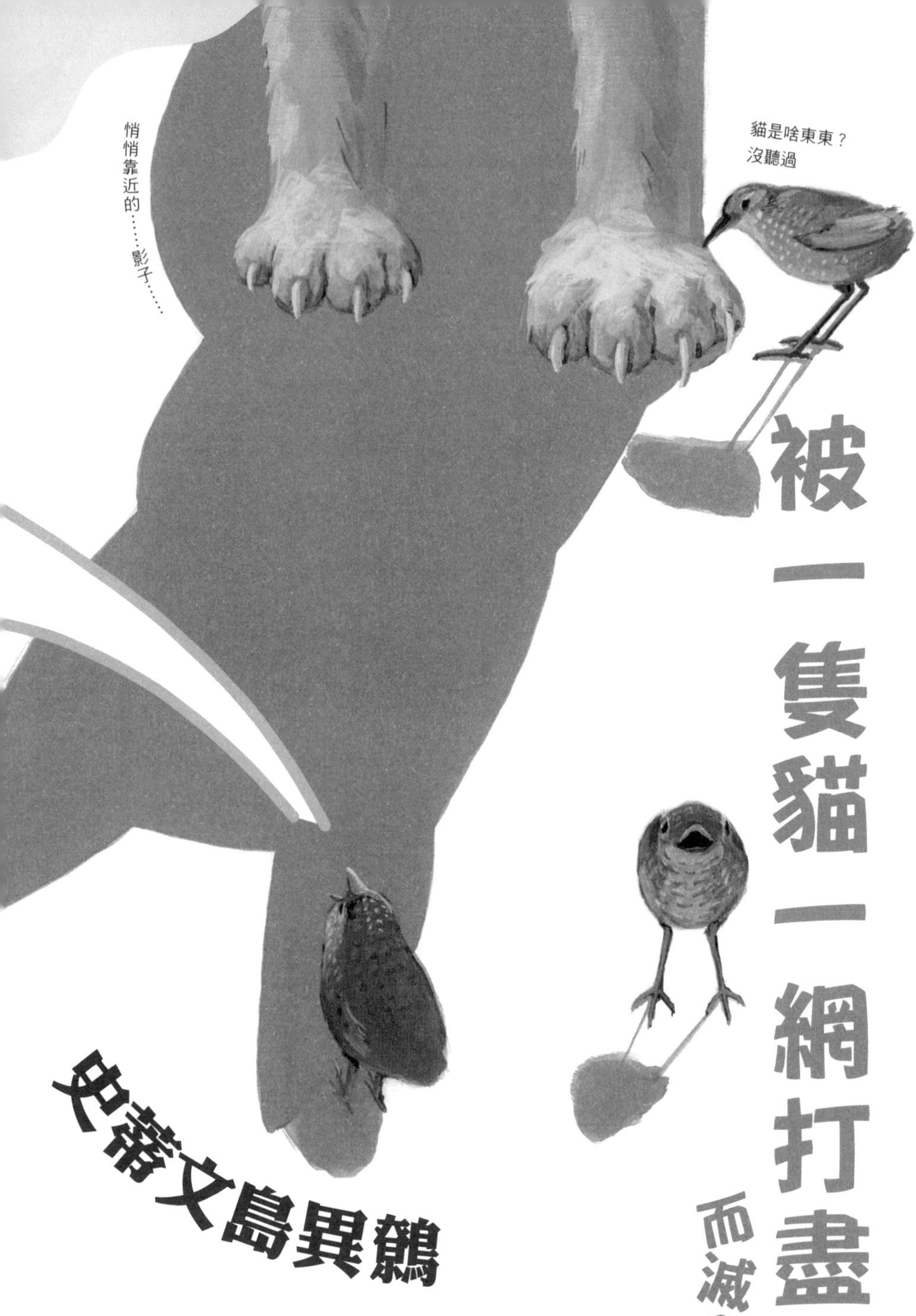
悄悄靠近的……影子……
貓是啥東東？
沒聽過

史蒂文島異鷯

被一隻貓一網打盡而滅絕

外表像麻雀，行為像小雞，那是在說我們啦。**在沒什麼敵人的環境中生活之後，不知不覺就變得不會飛了！**

我們原本是在史蒂文島這個無人島上，過著和平的日子喔。

然後有一天，島上建造了一座燈塔，開始有人類來這裡。那時候，有個人帶了一隻母貓過來。

第一次看到那隻貓，我們內心噗通噗通跳著。心想：「有辦法當好朋友嗎？」靠過去之後，竟然沒幾秒就被殺死一隻。

在那之後，那隻貓幾乎每天都在獵捕我們耶。再加上那隻貓生的小貓也加入獵捕行列，於是**島上開始了貓家族的大屠殺。**

就這樣，我們全都被消滅了啊。

這樣做就好了
太過和平是很糟糕的。
鳥不能飛可不行哪。

滅絕年代	1895年
大小	全長10cm
棲息地	史蒂文島
食物	昆蟲或蜘蛛
分類	鳥類

在沒有哺乳類這類天敵的紐西蘭演化的結果，就變成不會飛的鳥。雖然人類和老鼠一到了紐西蘭就讓牠們都滅亡，但總算史蒂文島這座無人島上還倖存了一些個體。可是等到島上建造了燈塔，貓也被帶到島上後，那個最後棲息地上的個體也全都滅絕了。根據被貓叼來的屍體，1894年據此記載為新種。

前寒武紀	古生代						中生代			新生代		
	寒武紀	奧陶紀	志留紀	泥盆紀	石炭紀	二疊紀	三疊紀	侏羅紀	白堊紀	古第三紀	新第三紀	第四紀

胃育溪蟾

長了黴菌而滅絕

等一下，呱呱美！你不要一直跟呱呱藏玩，趕快來幫忙！**媽媽還得從嘴巴裡吐出二十隻小孩才行啊！**

哎呀，真是對不起，讓你見笑了。我們都是在胃裡養育幼兒啦。你看，最近很不安全呢，所以產卵後就把卵吞下去，等到小孩長大之後再把牠們吐出來。

因為是青蛙，所以就「呱呱墜地」囉，哎呀，討厭，哈哈哈！

不過啊，我們會因為生病就全部死光光，因為從朝鮮半島傳過來的青蛙壺菌正迅速蔓延。

你看，我們青蛙不也會用皮膚呼吸嗎？**可是，全身的皮膚上布滿了黴菌，讓我們根本「沒辦法呼吸」。**

唉，真是的，到底是為了什麼要這麼辛苦地把孩子吞到肚裡啦！

這樣做就好了
如果分布區域再更廣一些，也許就不會全軍覆沒了。

滅絕年代	1983年
大小	全長3.6cm
棲息地	澳洲
食物	昆蟲
分類	兩生類

在胃裡養育幼兒的青蛙，把卵吞進去之後，胃液就會停止分泌。在育幼期間，母蛙會絕食，當胃裡的卵孵化、蝌蚪變成青蛙之後，就會從母蛙嘴裡出來。牠們的數量從發現初始就很少，棲息地僅限於海拔350至800m的河邊。接著水壩建設或森林採伐使得數量減少，再加上人類帶去的青蛙壺菌，導致全數消滅。

	古生代						中生代			新生代		
前寒武紀	寒武紀	奧陶紀	志留紀	泥盆紀	石炭紀	二疊紀	三疊紀	侏羅紀	白堊紀	古第三紀	新第三紀	第四紀

吞了石頭而滅絕

恐鳥

就是沒辦法不吃小石頭！

我

這身材如何？很美吧！**再怎麼說，光是腿長就有兩公尺了呢！**

在紐西蘭，我可是陸地上最大的動物呢。**美麗，而且無敵。那就是我。所以連翅膀也捨棄了**，因為沒必要啊。我不需要藉著奔跑來逃離敵人，只要優雅地吃樹葉就好。那真是美好的時代啊。

可是人類來了，他們為了想要取得我們的肉而進行獵捕，而且還是採取可怕至極的方法！

由於我們沒有牙齒，所以會把石頭吞進肚子裡，靠它們在胃裡磨碎植物。人類看到我們這種行為，就準備了燒得滾燙的石頭，讓我們吞下去！

這種憤恨……我絕對不會忘記！

這樣做就好了
吞下石頭之前若能確認
石頭是不是燙的就好
了……

滅絕年代	16世紀左右
大小	最高可達3.6m
棲息地	紐西蘭
食物	小樹枝或葉子
分類	鳥類

由於紐西蘭並沒有蝙蝠以外的哺乳類，於是在沒有天敵的環境下演化出許多不能飛的鳥類。恐鳥類是不能飛的鳥類代表，其中最大的恐鳥是已知最巨大的鳥類，體重達230kg，可說是天下無敵啊。但自從人類在9至10世紀時抵達之後，他們以獵捕大量的肉為目的，結果就滅絕了。

前寒武紀	古生代						中生代			新生代		
	寒武紀	奧陶紀	志留紀	泥盆紀	石炭紀	二疊紀	三疊紀	侏羅紀	白堊紀	古第三紀	新第三紀	第四紀

太軟Q而滅絕

（……欸）（……什麼事情？）（你現在該不會正有什麼東西在吃你？）（啊，有東西在吃我……）（真糟糕）（不抵抗不行了）（沒辦法啊）（為什麼）（我們不是什麼武器都沒有嗎）（是這樣沒錯）（也沒有牙齒）（也沒有嘴巴）（也沒有眼睛）（也沒有腳喔）（也沒有硬殼）（就是軟Q有彈性啊）（赤裸裸的生命哪）（即使

持續不斷地被啃食
謎團非常多

狄更遜擬水母

這樣也活下來了）（那是從前啊）（但某個時期就改變了）（開始變成弱肉強食）（生命有了順序）（我們變成被吃的那一方）（運氣真差）（確實如此）（但是為什麼？）（什麼為什麼？）（為什麼沒有嘴巴卻可以說話？）（為什麼？因為這是我的自言自語啊）（結果還沒有跟半個人說話就要死了嗎？）（到了最後，真想要有個朋友啊……）

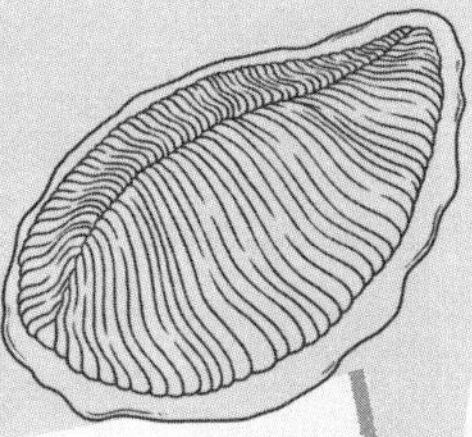

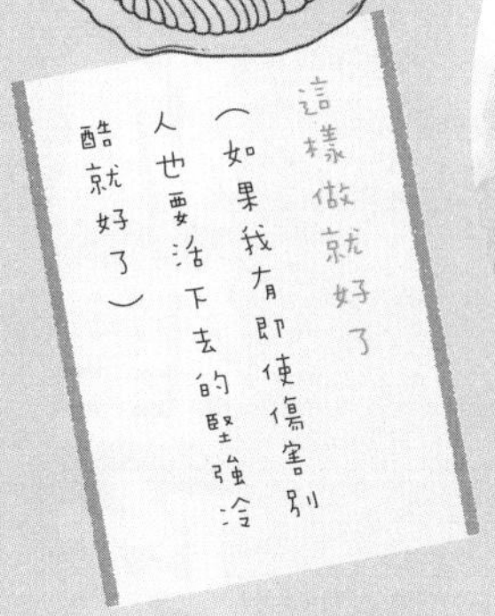
這樣做就好了
（如果我有即使傷害別
人也要活下去的堅強冷
酷就好了）

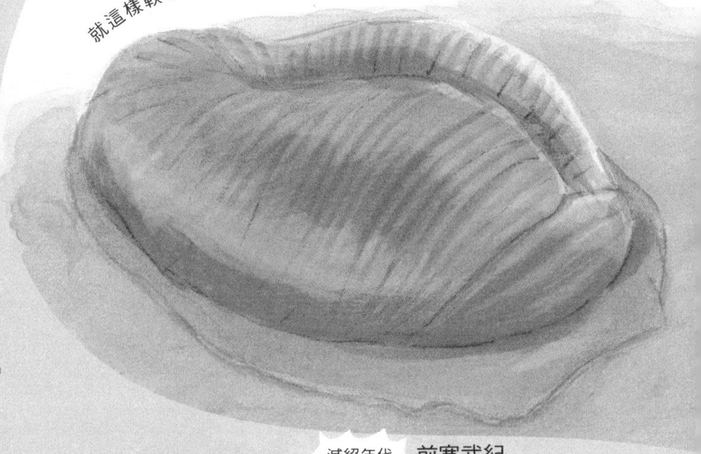
就這樣軟Q軟Q地長大

前寒武紀時代末期埃迪卡拉紀的動物，似乎就像植物那樣是靠著太陽光照射來產生能量，或者從海水中攝取養分。牠們既沒有眼睛、嘴巴和鰭，身體也很柔軟，幾乎沒有留下任何化石。而其中最大的生物就是狄更遜擬水母。雖然牠們過著平和的生活，但或許是因為有眼睛、嘴巴和鰭的獵食者出現了，才被吃得精光吧。

滅絕年代	前寒武紀
大小	全長1m
棲息地	澳洲
食物	光合作用
分類	埃迪卡拉生物群

前寒武紀	古生代						中生代			新生代		
	寒武紀	奧陶紀	志留紀	泥盆紀	石炭紀	二疊紀	三疊紀	侏羅紀	白堊紀	古第三紀	新第三紀	第四紀

豬趾袋貍
前腳像豬，後腳像馬
其實有 8 個乳頭
遭狐狸攻擊而滅絕

我可不是老鼠喔，我是豬趾袋貍，**我們和袋鼠一樣是有袋類喔。肚子上一樣有袋子，只吃草。**不同的地方是，我們的體型非常小。

我們生活在澳洲草原，但是人類出現之後，我們就被趕去沙漠了。

雖然族群數變少了，不過只要到處跑來跑去尋找食物，就還能勉強活下去。

但是到了大約三百年前，人類從歐洲來到這裡，我們的生活就有了很大的改變。他們拓展農地，開始飼養綿羊和牛。再加上他們為了享受狩獵的樂趣，還把兔子和狐狸帶來野放！

因此，原本已經變少的草被兔子吃掉，又遭到狐狸攻擊，真是很悲慘啊。

要是我能夠打牠們一拳就好了呢。

這樣做就好了
如果我們是能吃果實或
昆蟲的雜食性動物就好
了……

滅絕年代	1901年
大小	體長25cm
棲息地	澳洲
食物	草
分類	哺乳類

豬趾袋貍以草為主食，牠們擁有適合消化草類的長腸子。雖然牠們有著和豬相似的蹄的長腳可在草原上奔跑，但人類抵達澳洲之後，牠們就逐漸被趕到沙漠去了。再加上人類帶到澳洲的兔子和狐狸，連帶棲息地及食物都遭到剝奪，最後被獵捕得一乾二淨。

前寒武紀	古生代						中生代			新生代		
	寒武紀	奧陶紀	志留紀	泥盆紀	石炭紀	二疊紀	三疊紀	侏儸紀	白堊紀	古第三紀	新第三紀	第四紀

日本狼

被狗傳染疾病而滅絕

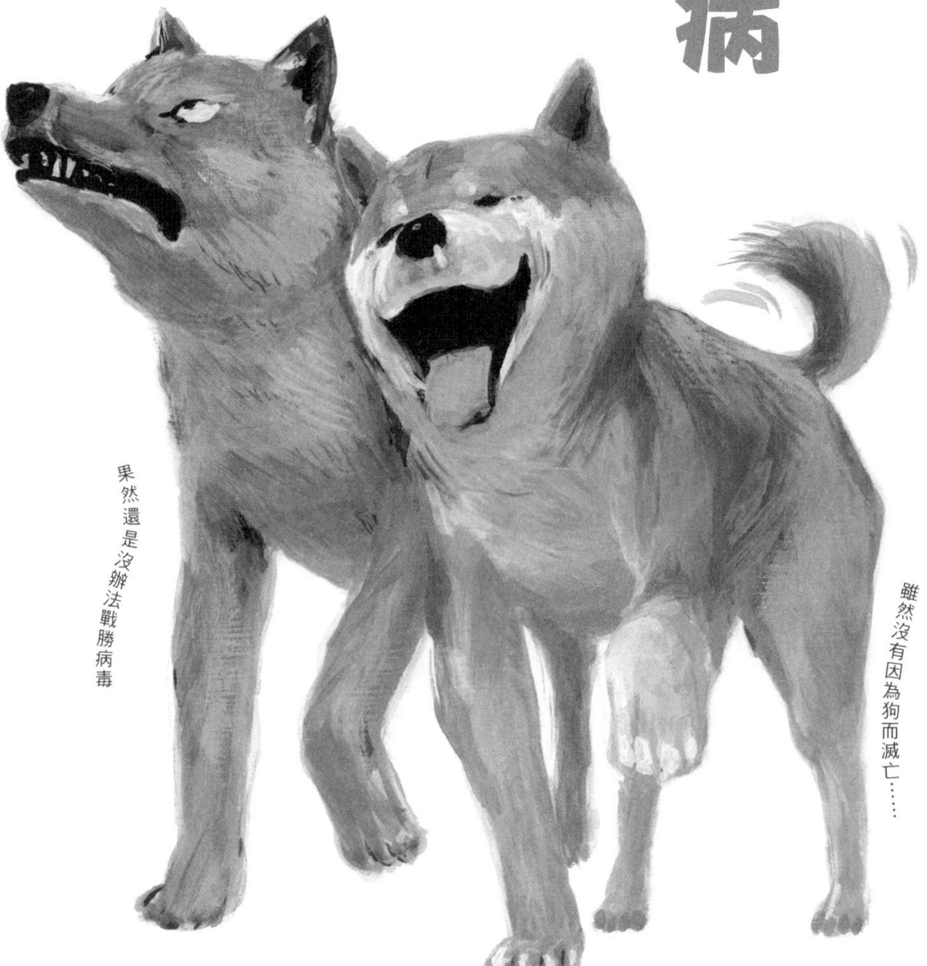

雖然沒有因為狗而滅亡……
果然還是沒辦法戰勝病毒

狗、狗美眉，你為什麼又來了……!?

我以為我們上次已約好不再見面了。而且最近不知道為什麼，我經常被獵人盯上，很危險的，你還是早點回去比較好。

哎呀，你替我擔心讓我很高興啦，不過也不全然是這樣……。

因為**最近不是有很危險的傳染病嗎？**會發燒、打噴嚏、流鼻水、亂吠叫，**最後還會死翹翹。**

我也很想相信那不是你的錯喔。可是實際上……就在外國人把寵物犬帶到日本之後，我的同伴們接二連三死掉了，而且**就像遭遇生化危機一樣**。

所以，為了彼此好，我們還是分手好了？或是，狗美眉……你怎麼一直在流鼻水!?拜託不要這樣。別在我身上磨蹭！拜託啦！

這樣做就好了
如果我沒有
和狗接近
就好了

滅絕年代	1905年
大小	體長1m
棲息地	日本
食物	鹿或野豬
分類	哺乳類

進入明治時代後，有許多外國人來到日本。然後他們帶來的寵物犬，也將犬瘟熱或狂犬病的病毒一併帶進日本。由於當時對狗都是採放養方式，所以疾病就依著「西洋犬→日本犬→都市近郊的狼→山裡的狼」這樣的路徑傳播，並沒有花上很長的時間。就這樣，明治維新後38年，日本狼就滅絕了。

	古生代						中生代			新生代		
前寒武紀	寒武紀	奧陶紀	志留紀	泥盆紀	石炭紀	二疊紀	三疊紀	侏羅紀	白堊紀	古第三紀	新第三紀	第四紀

幫狗揹黑鍋而滅絕

袋狼

不不，請等一下！**吃掉綿羊的不是我啦**，雖然我的名字裡有個「狼」字，不過那真的只是名字而已。

話說回來，把原本棲息在澳洲的我們趕到塔斯馬尼亞島上的，不就是你們人類所為嗎？

我們明明就在這裡低調地生活著，人類比我們晚來，卻還抱怨我們，說：「你們把我養的綿羊吃掉

因為名字而吃虧的類型

了吧？」這麼說我也沒辦法啊。**而且還突然對我們拳打腳踢，這不是超級過分？**

所以我一直說，吃掉綿羊的不是我，是狗啦！**就是你們帶來的狗在野生化後吃掉的！**

啊，喂，那邊的狗！你很低級耶，還故意搖尾巴！等等，人類大大，說什麼「狗才不會做那種事」，你們真的超爛的！

狗處於巔峰！

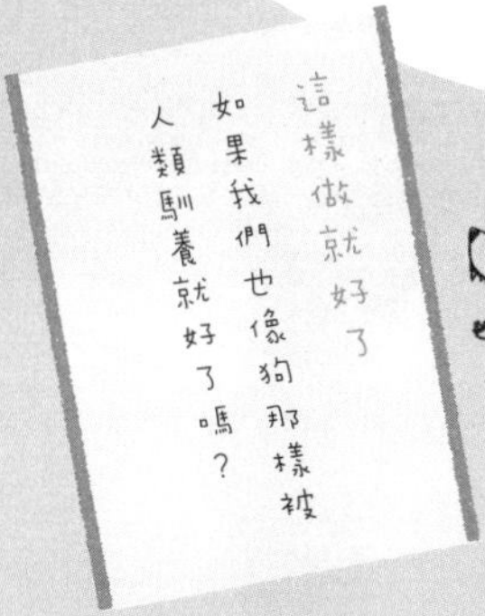
這樣做就好了
如果我們也像狗那樣被
人類馴養就好了嗎？

滅絕年代	1936年
大小	體長1m
棲息地	澳洲
食物	袋鼠或小袋鼠
分類	哺乳類

袋狼原本棲息在澳洲和新幾內亞，但一萬年前原住民帶狗登陸後，就因為棲息地和獵物被搶走而滅絕。不過，當時塔斯馬尼亞島還沒有狗進來，因此仍有少數袋狼存活著。到了19世紀，人類移居塔斯馬尼亞島之後，牠們就被當成是會危害家畜的可怕動物，甚至透過懸賞將牠們驅逐撲殺，沒多久就滅亡了。

前寒武紀	古生代						中生代			新生代		
	寒武紀	奧陶紀	志留紀	泥盆紀	石炭紀	二疊紀	三疊紀	侏羅紀	白堊紀	古第三紀	新第三紀	第四紀

冠恐鳥

沒辦法保護蛋而滅絕

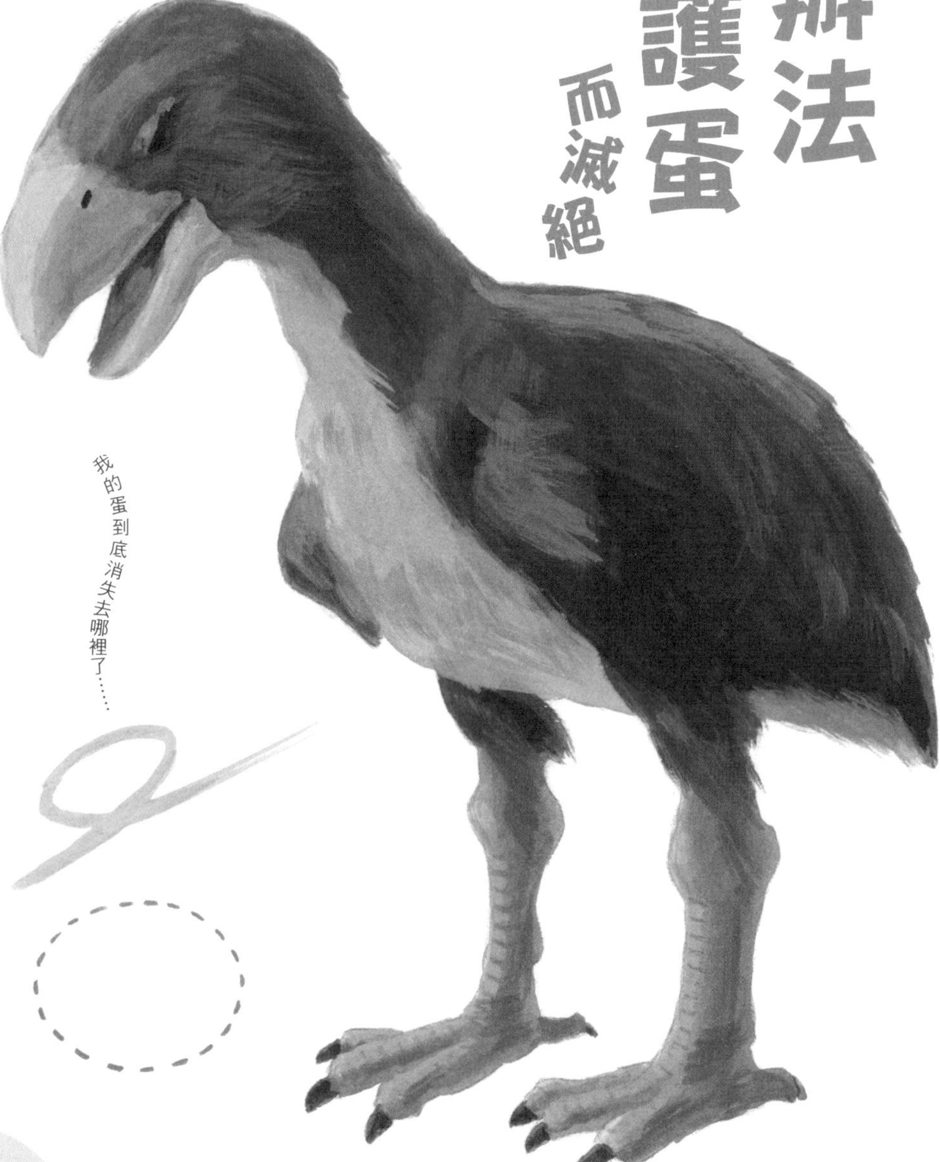
我的蛋到底消失去哪裡了……

咦

——啊！這是怎麼回事？我那好可愛好可愛的蛋寶寶不見了！

一定是被偷走了啦。**可惡的哺乳類！**

直到不久之前，牠們還只是在我腳邊跑來跑去的小傢伙而已。就在不知不覺間一下子變大，變得比我還要敏捷，真是太狂妄了。

更何況，牠們還把我放在地上的蛋偷去吃，真的是很低級耶。

要是像我一樣變成素食者就好了。

就是因為這樣，我才會很討厭這些突然出現的沒品傢伙們。嘰吱！

哎呀，可怕的恐龍消失了，**我還以為我們鳥類的時代終於來臨了……**，居然被哺乳類奪走寶座，真是太大意了！

這樣做就好了
如果能像鴕鳥那樣快速
奔跑，是不是比較好？

滅絕年代	古第三紀（始新世後期）
大小	頭頂為止2m
棲息地	北美、歐亞大陸
食物	植物
分類	鳥類

這是一種不會飛的大型鳥類，從地面到頭頂的高度有2m。由於頭部和喙部既大又重，所以沒辦法跑得很快。從前被認為是肉食性，現在則認為牠們應該是吃果實等。在恐龍滅絕後的陸地上，雖然他們的體型變大，卻成了較晚才大型化的肉食哺乳類的獵物，連蛋和雛鳥都被吃掉，於是滅絕了。

前寒武紀	古生代						中生代			新生代		
	寒武紀	奧陶紀	志留紀	泥盆紀	石炭紀	二疊紀	三疊紀	侏羅紀	白堊紀	古第三紀	新第三紀	第四紀

太過強大而滅絕

大地懶

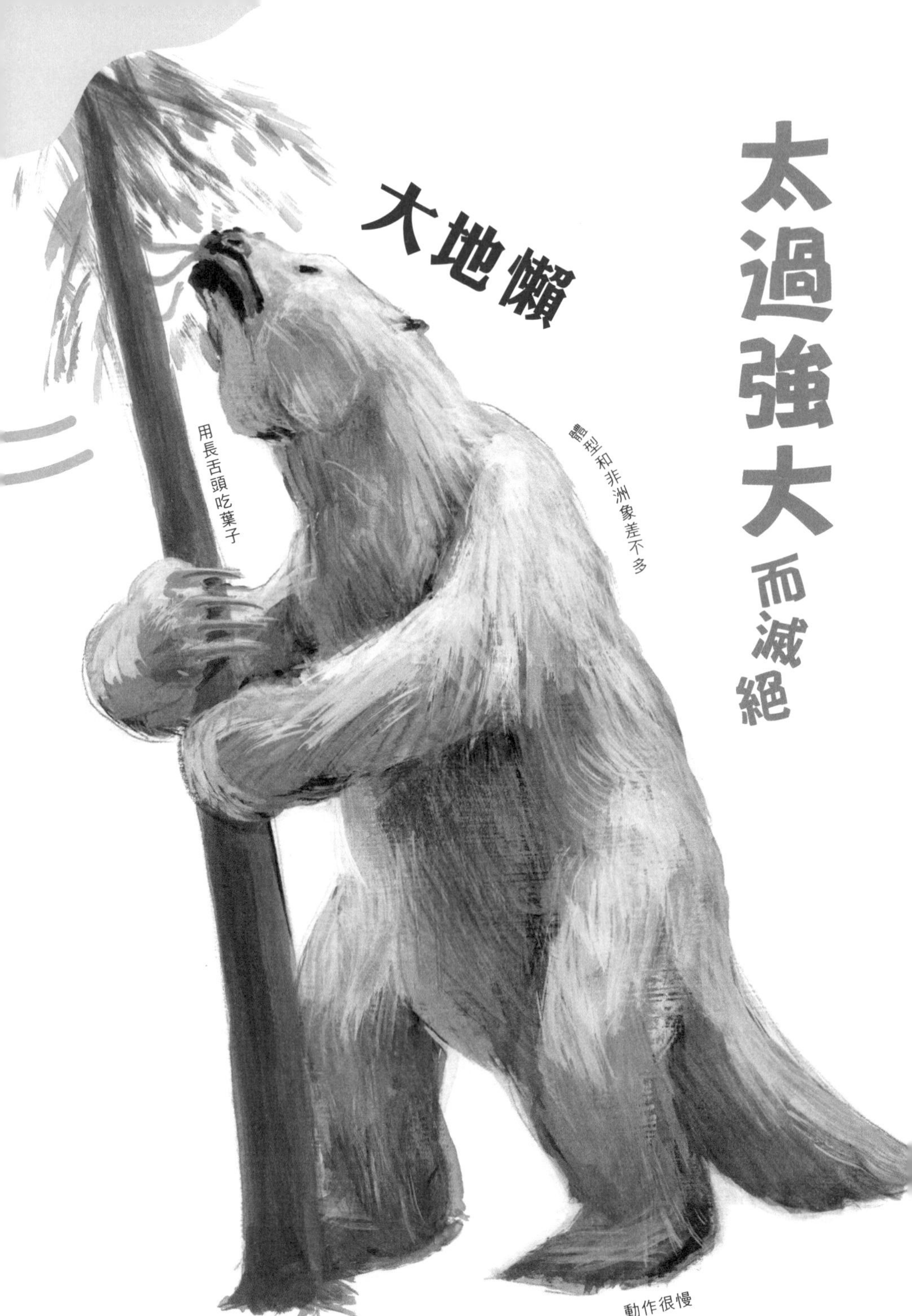
用長舌頭吃葉子
體型和非洲象差不多
動作很慢

因為大意，所以滅絕

假如要把一百萬年前的南美洲動物依照順序排列，最大、最強的一定是我喔。**我的身體長六公尺，體重三公噸，有巨大的爪子。**我是連斯劍虎（參第九十二頁）都不會輸的一種樹懶！

……什麼嘛，不要笑啦。

我們和現代的樹懶可是完全不一樣的動物呢。

我在陸地上到處走來走去，用這個大型鉤爪把樹枝拉扯過來，然後大口大口地吃葉子。

還有，我的毛下有堅硬的骨板，如果只是被咬一下，根本不痛不癢喔！

既然如此，為什麼會滅絕呢？因為我被獵殺了啊，就是人類。他們吃定了我動作緩慢，於是成群結隊地攻擊我！樹懶的血脈真是讓人懊惱啊！

唉，竟然被渺小的人類滅亡，我真是不中用了。

＊92頁

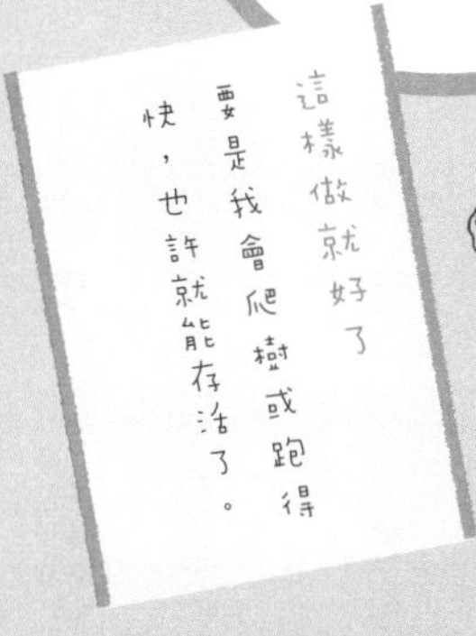

這樣做就好了
要是我會爬樹或跑得快，也許就能存活了。

滅絕年代	第四紀（更新世末）
大小	體長6m
棲息地	南美
食物	樹葉
分類	哺乳類

大地懶是牠們同類中最後出現的最大物種，在南美洲是最強大的。直到300萬年前，由於南美洲都是獨立的大陸，貓和狗等強而有力的肉食動物並沒有進入這裡。或許正因為如此，動作緩慢的大地懶的體型才會變得巨大。但是當帶著武器的人類群體一入侵，就把大地懶獵殺精光，導致牠們在1萬年前滅亡了。

	古生代						中生代			新生代		
前寒武紀	寒武紀	奧陶紀	志留紀	泥盆紀	石炭紀	二疊紀	三疊紀	侏羅紀	白堊紀	古第三紀	新第三紀	**第四紀**

休息一下❶化石之歌

告別的山嶺

歌：馬門溪龍
作詞：恐田龍一
作曲：ㄜˋ 龍

♪嗚呼　可以的話，希望能夠
再見你一面
但是不可能　因為我已死亡

從那之後究竟過了多久
超過一億年　早已模糊難解

沙塵堆積　身體扁塌
肉身腐爛　淚水流盡

嗚呼　但仍有不滅之物
堅硬骨骼　以及對你的思念
驀然回首　我已成化石

曾經　我活著的時候
身體顏色已無人知曉
我的叫聲也無從知悉

嗚呼　雖然如此
我似乎即將在博物館展示
暑假裡好像會有好多孩子前來

我其實不在乎這些
縱然是化石也好
我只想再見你一次

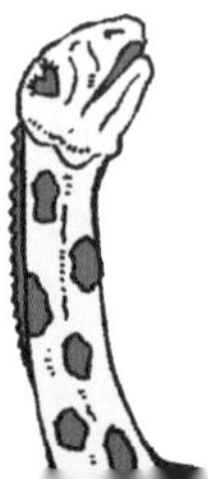

2

因為太過頭，所以滅絕

生物是持續不斷地演化。
演化進程是否正確，誰也不知道。
但是只要遇到各種極端，
難以存活的可能性就變大。

下顎太重而滅絕

「你好啊～～我是大象。」什麼嘛，你那個眼神。**你看的是俺的下顎，以為俺沒發現嗎？**雖然俺的下顎非常突出，但好歹俺和大象也是同類。這可不是蓋的喔。

俺吃東西時，就是靠著這個像鏟子一樣平坦的牙齒來挖掘草根、切斷樹枝、剝除樹皮。「超厲害的！」你要

鏟齒象

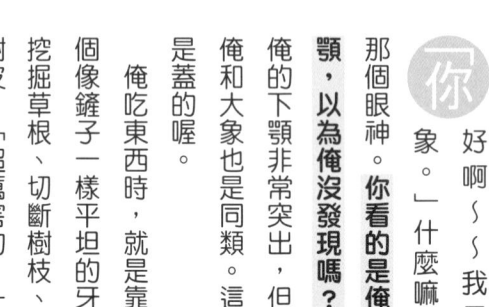

是這樣想就太天真了，**這實在有夠重哪！**

原本頭已經很大了，還得用這牙齒來挖地，根本是在修行吧？還有，這東西很難咀嚼。想像一下在下顎綁個啞鈴吃飯的情景吧，不只很累，而且毫無意義。但那就是俺啊。

因為如此，俺光是進食就已經累壞了，結果沒留下任何子孫便消失，真是太瞧不起俺了！

這樣做就好了
如果延伸變長的部分只有鼻子就好了。

滅絕年代	新第三紀（中新世後期）
大小	到肩部為止的高度2m
棲息地	非洲、歐亞大陸、北美
食物	草或樹皮
分類	哺乳類

大象的同類在身體變大的同時，上唇也和鼻子融合一起延伸變長。因為如此，就算身體很大，不用蹲下來也能喝到水。但鏟齒象不只有鼻子變長而已，就連下顎也延長，在其前端有著暴牙般的牙齒。現存的大象只有鼻子變長，上面的門齒變成兩根象牙，不過，以前曾有過下門齒也變成牙而長著四根象牙的大象同類呢。

前寒武紀	古生代						中生代			新生代		
	寒武紀	奧陶紀	志留紀	泥盆紀	石炭紀	二疊紀	三疊紀	侏羅紀	白堊紀	古第三紀	新第三紀	第四紀

牙齒掉不了而滅絕

我也知道這東西很礙事，但就是沒有辦法丟掉啊。這一根一根的牙齒，都是我奮戰的歷史。

我還年幼的時候就不一樣了，它們不會捲成螺旋狀。可是隨著成長，捲一圈、捲兩圈、捲三圈……，**新牙齒不斷從外側長出來，舊牙齒就被捲到內側去。**

我呢，很害怕自己螺旋狀的捲齒。

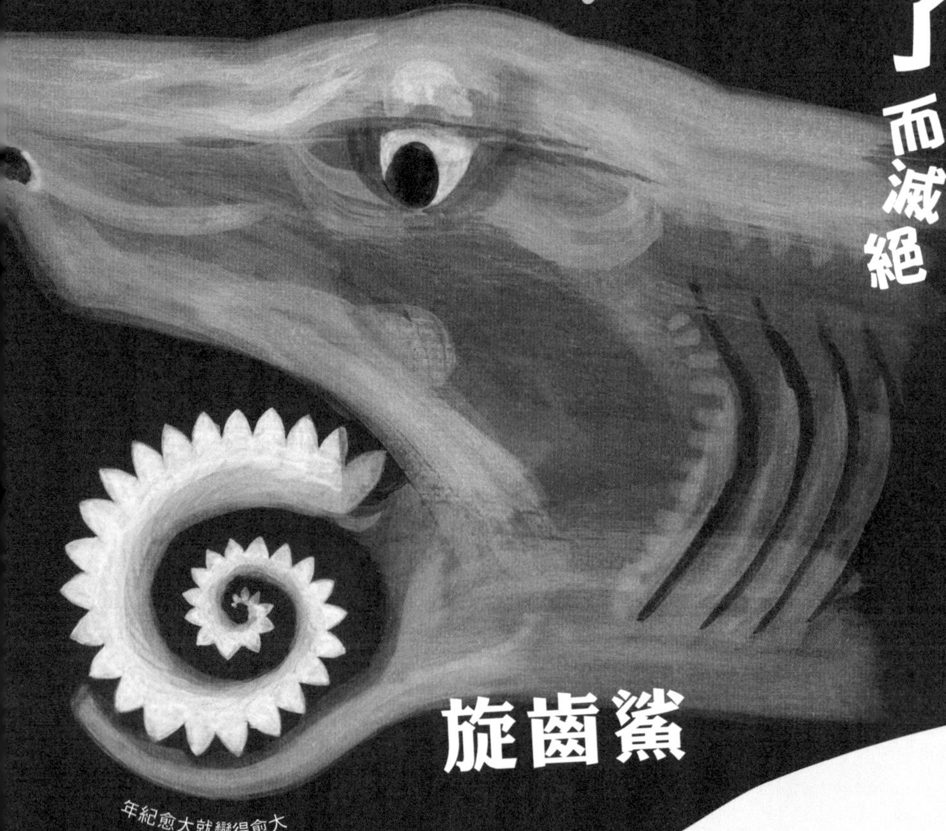
旋齒鯊
年紀愈大就變得愈大

這牙齒到底會長到多大？會造成口腔潰瘍嗎？各種各樣不安的想法在我腦海中浮現又消失。

不過，這些都是讓我變強的試煉。我們用這種牙齒吃菊石，在地球上活了六千萬年左右。

然而在那之後，用細長嘴巴迅速捕捉獵物的魚龍（參第二十八頁）出現了。**獵物被奪走的時候我只想到：「果然還是這樣嗎？」**然後我們就滅絕了。

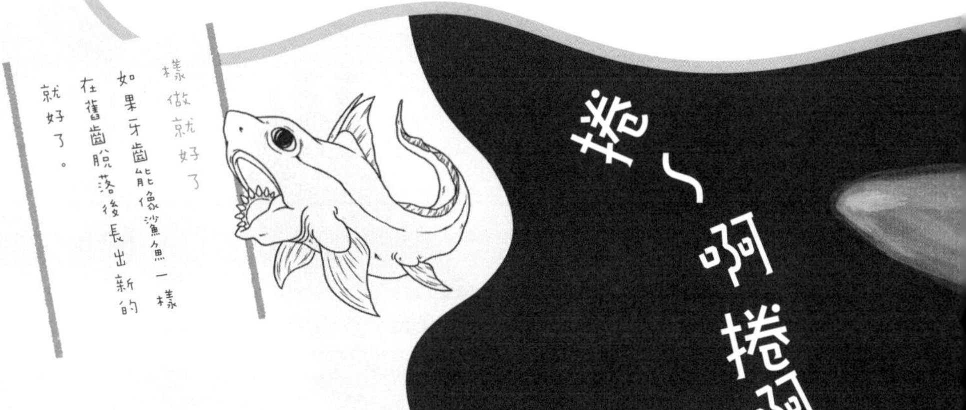
樣做就好了
如果牙齒能像鯊魚一樣
在舊齒脫落後長出新的
就好了。
捲～啊捲啊～捲

滅絕年代	三疊紀前期
大小	全長4m
棲息地	世界各地的海洋
食物	菊石等頭足類
分類	軟骨魚類

旋齒鯊的下顎具有像螺旋狀的齒列，上顎沒有牙齒。這種奇妙的生物，似乎和鯊魚及鱝等親緣很近的黑線銀鮫是同類。雖然不清楚像這樣留著舊牙齒有什麼好處，不過也有一說認為，圓盤鋸子狀的牙齒很適合用來捕捉如菊石這種黏滑的頭足類。但是，在同樣以嗜吃頭足類為主的魚龍出現後，旋齒鯊就像互換立場般消失無蹤。

	古生代						中生代			新生代		
前寒武紀	寒武紀	奧陶紀	志留紀	泥盆紀	石炭紀	二疊紀	三疊紀	侏羅紀	白堊紀	古第三紀	新第三紀	第四紀

數量太多而滅絕

呀呵——☆我是和平的象徵，鴿子喔！

「好像無所不在，到處都看得到。」那是真的～～**因為在最多的時候有五十億隻呢。**

據說我們拍打翅膀時，天空會變暗，而拍翅的聲音會大到讓人沒辦法說話。還有**我們飛走之後，大便就像下雪般堆積如山。**感覺好夢幻喔。♪

旅鴿

其實肌肉很結實
老鷹也達不到的等級

正因為如此，我們為了尋找食物，每年就在加拿大和墨西哥之間來來去去，於是人類就趁此機會，咻咻咻地用槍把我們射下來！

由於數量太多了，就算是亂槍打鳥，也總能打下好幾隻。人類為了想要我們的肉和羽毛，**一天可以獵捕二十萬隻！**

雖然我也覺得我們的數量增加太多了，不過人類的行為也太過火了吧。

這樣做就好了
如果是一小群、不要太醒目，也許就不會被獵殺了。

滅絕年代	1914年
大小	全長40cm
棲息地	北美
食物	種子或果實
分類	鳥類

據說旅鴿是鳥類史上數量最多的野鳥。牠們會成群結隊來防禦老鷹這類天敵，其壽命很長，可是繁殖力很低，一年只會產一顆卵。如果停留在一個地方不動，牠們就會把植物吃得精光，所以總是遷移度日，而歐洲的移民就埋伏在牠們的遷移路線上，將牠們一網打盡。

	古生代						中生代			新生代		
前寒武紀	寒武紀	奧陶紀	志留紀	泥盆紀	石炭紀	二疊紀	三疊紀	侏羅紀	白堊紀	古第三紀	新第三紀	第四紀

太過筆直而滅絕

房角石

不行不行！突然轉彎這種事我做不到。你看看我這身殼，**將近十公尺長呢。**

請不要隨便說什麼「就把殼縮短啊」這種話，**要是沒有殼裡的液體，我們就沒辦法保持平衡了。**

哎呀，我也知道問題在哪裡，其實是因為太重而讓我的動作變得緩慢，也沒辦法臨時改變方向。

雖然鸚鵡螺（參第一五

八頁）是我們的親戚，但牠們把殼捲起來，就變得比較小巧了哩……。老實說，這讓我覺得很羨慕。

不過，很直是我們的優點。所以要捕捉獵物三葉蟲時，應該事先想清楚，否則在快要逮到之前，被牠們發現可以轉向旁邊而逃走，那就沒辦法應變了。

我們只能直直的往前走而已，直直的。

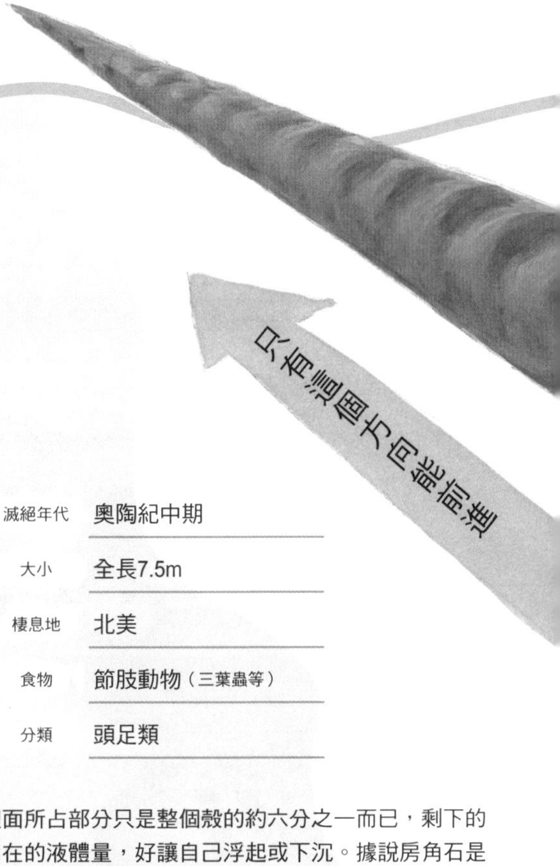
只有這個方向能前進

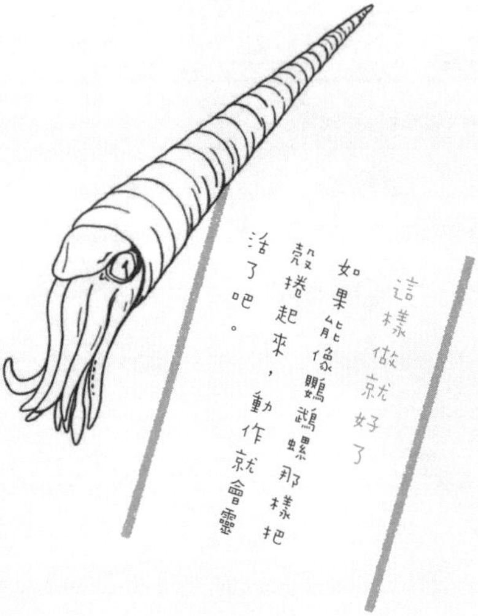
這樣做就好了
如果能像鸚鵡螺那樣把殼捲起來，動作就會靈活了吧。

滅絕年代	奧陶紀中期
大小	全長7.5m
棲息地	北美
食物	節肢動物（三葉蟲等）
分類	頭足類

房角石的殼雖然很巨大，但身體在裡面所占部分只是整個殼的約六分之一而已，剩下的部分分隔成很細的空間，用來調整內在的液體量，好讓自己浮起或下沉。據說房角石是奧陶紀最大的動物，沒有什麼天敵。可是也有房角石長得太大而躺在海底的說法，一般認為是因為牠們太巨大而不方便活動，結果導致滅絕。

	古生代						中生代			新生代		
前寒武紀	寒武紀	奧陶紀	志留紀	泥盆紀	石炭紀	二疊紀	三疊紀	侏羅紀	白堊紀	古第三紀	新第三紀	第四紀

奇異日本菊石

糾纏不休而滅絕

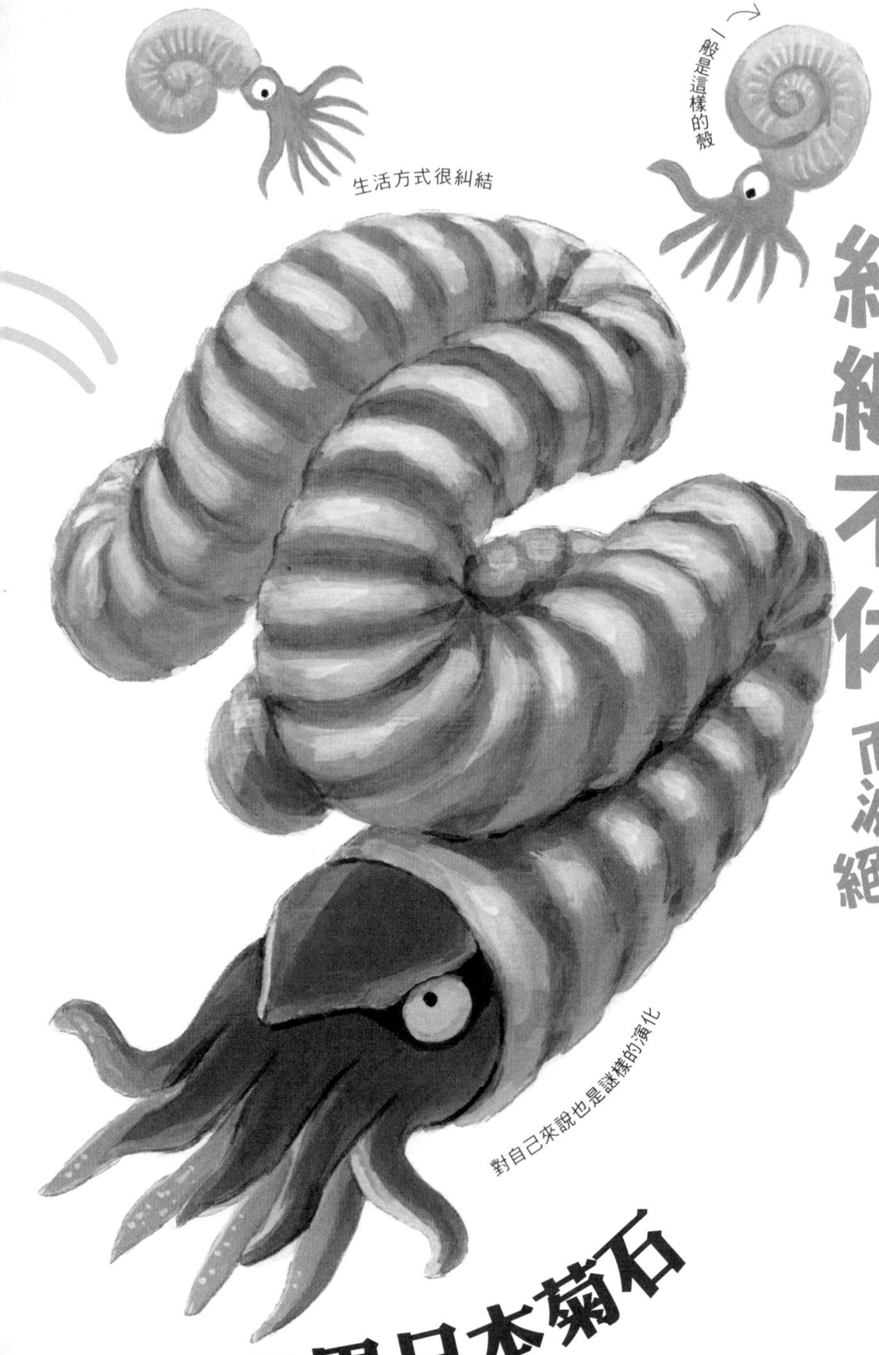
一般是這樣的殼
生活方式很糾結
對自己來說也是謎樣的演化

你

現在心裡應該想著「啊……」，對吧？

不，沒關係，我習慣了。

哎呀，真的，就算你認為**「殼的形狀好像大便」**，也沒關係喔。

即使這樣想，我可是人丁旺盛的菊石家族一員喔。話雖如此，我大約是在菊石的歷史結束時才總算露臉的怪胎。

事實上，我也知道人類稱我是「異形捲曲」。唉，也因為這樣，我的個性滿扭曲的，呵呵。

可是啊，殼的形狀只是看起來複雜而已，身體的結構其實和菊石一樣喔。

嗯，到那時為止的三億五千萬年也一直都是一樣的，捲捲的很漂亮。

正想著「好歹換個設計吧」的時候，結果就失敗了，哈哈。

這樣做就好了
比起形狀，如果先思考
生活方式就好了。

滅絕年代	白堊紀後期
大小	殼的直徑2cm
棲息地	日本、英國、馬達加斯加、美國
食物	甲殼類或魚的屍體
分類	頭足類

這是菊石的同類，從古生代到中生代的3億5000萬年都非常活躍，只不過在中世代最後的白堊紀，數量大幅減少，而在此期間出現的就是奇異日本菊石。和以前的菊石不同的是，奇異日本菊石的殼的捲法有了演化，但是對生存很不利，於是在很短的時間內就滅絕了。

	古生代						中生代			新生代		
前寒武紀	寒武紀	奧陶紀	志留紀	泥盆紀	石炭紀	二疊紀	三疊紀	侏羅紀	白堊紀	古第三紀	新第三紀	第四紀

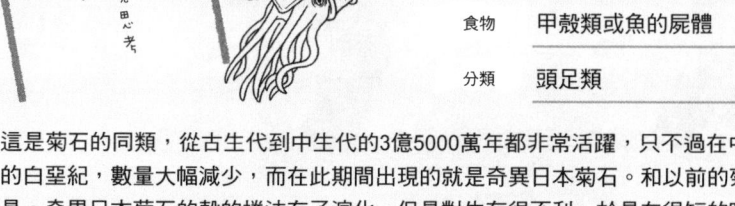

太美麗而滅絕

看起來長這樣，其實和牛是同一科

藍馬羚

哎呀，好苦啊。我心中的苦，什麼時候才能解脫？

我們從前廣泛分布於南非草原上，但大約三萬五千年前起，**草原上開始冒出一棵棵的樹，讓我們能棲息的地方減少了。**

沒辦法，我們只好分散在各地的小草原，組成五至六頭的小群體共同生活。

這時來到此地的，是想要挖金或鑽石的人類。他們居然一發現我們，就開始大肆獵殺。

一定是因為我們這一身偏藍色的毛皮很稀有吧。遭到殺害的同伴被製成了標本或外套，然後一一賣掉。

接著在兩百年前，最後一頭嚥下最後一口氣，我們就此從這個世上消失無蹤。

這樣做就好了
要是我們的顏色
樸素一點，
可能就不會被盯上了。

滅絕年代	1800年左右
大小	體長2m
棲息地	南非
食物	草
分類	哺乳類

藍馬羚的毛是哺乳類中極為稀有的藍色。只不過，保存於博物館中的毛皮顏色因為褪色而變成淺灰色，牠們活著時的毛皮到底有多藍，我們無從得知。人類發現牠們的時候，所剩數量就已經不多，而以獲得美麗毛皮為目標的狩獵行為，讓牠們在短短120年間消失無蹤。一般認為，牠們是非洲首先因為人類而滅亡的大型動物。

	古生代						中生代			新生代		
前寒武紀	寒武紀	奧陶紀	志留紀	泥盆紀	石炭紀	二疊紀	三疊紀	侏羅紀	白堊紀	古第三紀	新第三紀	第四紀

太過花俏而滅絕

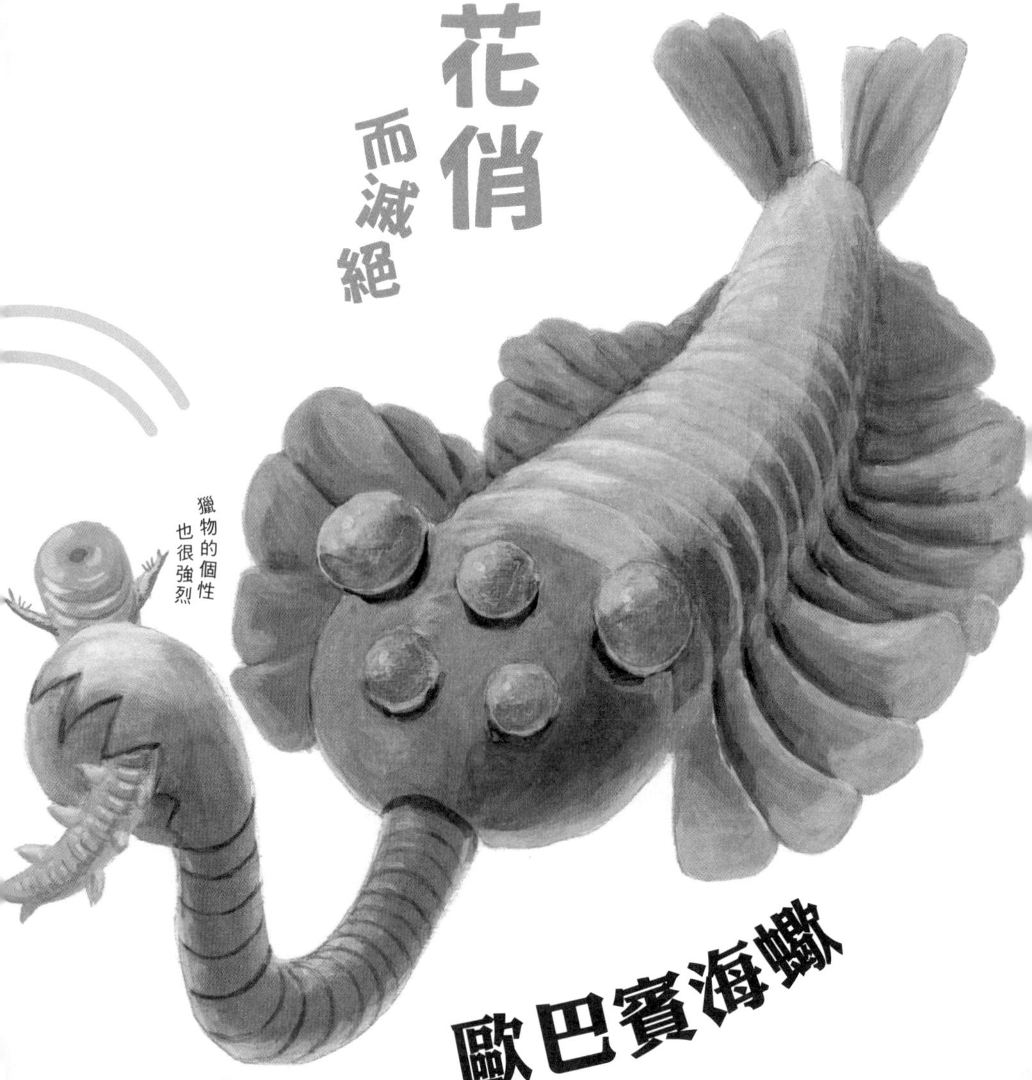

歐巴賓海蠍

個性強烈的演化

欸，那個啊，首先，**眼睛有五隻，沒錯吧？**眼睛的形狀像菇類一樣高高的，讓自己連後方都能看得很清楚。

然後呢，**臉的前面有一個很像大象鼻子的管子**，啊，但那不是鼻子，是手啦。

手的前方還有個類似螃蟹的鉗子，這個是用來把獵物送進嘴巴裡；嘴巴就位於身體的下側。

還有還有，雖然身體兩側多了鰭，不過用來呼吸的鰓也在這裡，並不是忘記加上去的喔。

還有什麼呢……把尾巴的部分做成像蝦子那樣的形狀吧～～

啊！我想起來了！**身體下方還長了很多像疣一樣的小腳**，我想這是因為要在海底迅速走來走去的吧！♪

下了這麼多的工夫，卻還是因為跟不上環境的變化而死了。

這樣做就好了
如果不打扮得那麼花俏
就好了。

滅絕年代	寒武紀中期
大小	體長5cm
棲息地	加拿大、中國
食物	藏在砂底的柔軟動物
分類	不明

據說研究者在學會上發表歐巴賓海蠍的復原圖時，大部分的生物學家似乎都認為「不可能」，會場中充斥著爆笑聲。事實上，具有管子、鉗子、五隻眼睛以及多數的鰭和腳的外型，的確是別處所看不到、獨一無二的造型。由於截至目前為止都未找到具有相似特徵的動物，所以太過花俏的身體結構可能對生存不利。

	古生代						中生代			新生代		
前寒武紀	寒武紀	奧陶紀	志留紀	泥盆紀	石炭紀	二疊紀	三疊紀	侏羅紀	白堊紀	古第三紀	新第三紀	第四紀

歐洲野馬

愛上馬而滅絕

為愛出走

嗨

呵，辛苦啦！咦，怎麼好像沒有什麼精神？要不要一起去吃個飯，如何？像是新鮮青草之類的？

啊，我想起來了，從前我也是經常這樣跟馬小姐搭訕呢。不過話說回來，我們和馬本來就是同一個物種啊，只是六千年前人類亂搞，**我們被馴養成為馬，而沒有被馴養的就還是原來的歐洲野馬。**

我們就這樣分別生活，然後大概在兩百年前，由於人類增加，失去生活場所的我們接近了牧場，然後就這樣有了心動的感覺。**「牧場裡的馬小姐是我命中注定的另一半啊。」**

我對她一見鍾情，跟她搭訕後就把她帶離牧場。然後我們不停地繁衍後代，**一不小心就和馬同化了。**哎呀，愛情真是一種罪過啊。

這樣做就好了
如果不接近人類這種傢
伙就好了。

滅絕年代	1909年
大小	到肩部為止的高度為1.2m
棲息地	歐洲
食物	草
分類	哺乳類

大約在6000年前，人類開始把歐洲野馬當成家畜飼養。起初只是為了吃肉，不過當知道牠們可以「讓人類乘坐且以高速奔跑」後，就把牠們當成重要的家畜。儘管如此，還是殘存了一些野生的歐洲野馬。然而廣闊的草原變少之後，使得牧場附近的歐洲野馬不是遭獵殺，就是和馬雜交產生許多雜交種後代，於是歐洲野馬就滅絕了。

	古生代						中生代			新生代		
前寒武紀	寒武紀	奧陶紀	志留紀	泥盆紀	石炭紀	二疊紀	三疊紀	侏羅紀	白堊紀	古第三紀	新第三紀	第四紀

營養被大角搶走而滅絕

咕

咕,噓,安靜,我的角……!啊啊,沒想到變成這樣。**咕嘎,鈣都被角吸收掉了……**!?

嘿,為了要和她在一起,我必須戰勝其他雄鹿才行。所以我才會許願,**我的角啊要更強大、更堅硬、長得更大呀!**

但……但是,角的成長速度遠遠超過我的預期了。**身體的營養被角搶走,導致骨頭變得疏鬆空洞!**再加上森林減少、食物變少,這才是致命的一擊。由於很容易骨折,所以根本不能隨便亂動啊。

嗚嗚……原來這就是絕望的感覺哪。我怎麼……好像覺得有點睏了……。讓我……早點從角……解脫吧……。

大角鹿

這樣做就好了
要是我吃點蛋殼什麼的，多補充一些鈣質就好了。

滅絕年代	第四紀（更新世末）
大小	到肩部為止的高度為2m
棲息地	歐亞大陸
食物	植物
分類	哺乳類

雄性大角鹿的角橫寬3m，重達45kg，如此應該沒辦法輕鬆地喝水或吃草吧。再加上牠們的角每年都會掉落再重新生長，所以換角時期需要大量的鈣和磷。一般認為由於更新世後期森林減少，角所帶走的營養沒辦法獲得充分補給，於是讓牠們的骨頭變得疏鬆空洞，最後導致滅絕。

	古生代						中生代			新生代		
前寒武紀	寒武紀	奧陶紀	志留紀	泥盆紀	石炭紀	二疊紀	三疊紀	侏羅紀	白堊紀	古第三紀	新第三紀	第四紀

喙部太特殊而滅絕

長嘴導顎雀

喔

哦～～你是說你想知道我滅絕的原因嗎？唉，假如一定要舉出一個敗因，**應該就是我讓喙部的形狀特殊過頭了吧。**

在夏威夷，我們這些管舌鳥類的鳥總共被確認到三十二種，為了不在夏威夷群島中彼此競爭，**每一種鳥會各自配合自己的食物，讓喙部的長度和形狀演化成有微妙的差異。**

而我主要負責的是「大腿」（Futomomo）……噗哈哈，這真是失禮了！

Futomomo其實是夏威夷紅花樹的日文名，絕對不是在講「大腿」，請不要誤會（笑）。

嗯，多虧有這種長喙，我一直獨占了花蜜，但因為人類出現，使得專屬於我的花類急劇減少，結果就讓我們也跟著滅絕了。這……有什麼問題嗎？

這樣做就好了

這表示過度依賴單種東西很危險嗎？

滅絕年代	1940年
大小	全長16cm
棲息地	夏威夷群島
食物	花蜜或昆蟲
分類	鳥類

在夏威夷群島中，管舌鳥類的鳥為了分別吃到不同的食物而演化，且有不同的生態棲位。例如長嘴導顎雀為了吃到細長花朵深處的蜜或是躲在樹裡的昆蟲，於是演化出長而彎曲的喙部。可是，特殊化的東西不容易跟上環境的改變。由於外來移民將森林改變成農地，就讓牠們的身影急速消失了。

	古生代						中生代			新生代		
前寒武紀	寒武紀	奧陶紀	志留紀	泥盆紀	石炭紀	二疊紀	三疊紀	侏羅紀	白堊紀	古第三紀	新第三紀	第四紀

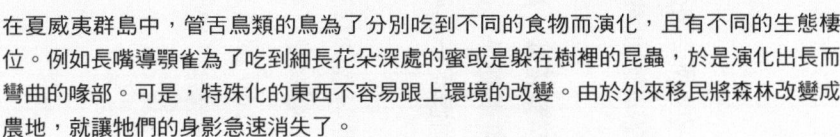

沒辦法呼吸而滅絕

巨脈蜻蜓

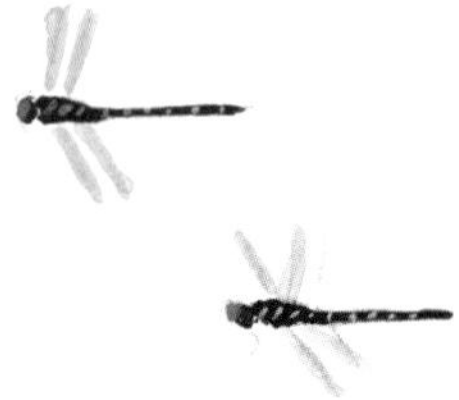

由風決定去向

嘿

嘿，對不起，借過一下！**被稱為「史上最巨大昆蟲」的俺要通過了喔。**

你問我要去哪裡嗎？那種事情去問風就好了。**雖然我們長得和蜻蜓很像，但幾乎不能拍打翅膀哩。**不管到哪裡，都是乘著風隨心所欲地浪漫飛翔喔。

在我們那個時代，氧氣又濃又甜美。現在的空氣含氧量只有二〇％，我們那時候的含氧量可是有三五％呢。從腹部打氣，就能讓我們精神飽滿！所以我們才能長到這麼大呢。

可是，陸地上的動物增加得愈來愈多。**大家爭先恐後地呼吸氧氣，就讓氧氣漸漸變稀薄了。**

於是，我們因為沒辦法呼吸，便掉落到地面上了。♪

體長是無霸勾蜓的6倍
無霸勾蜓

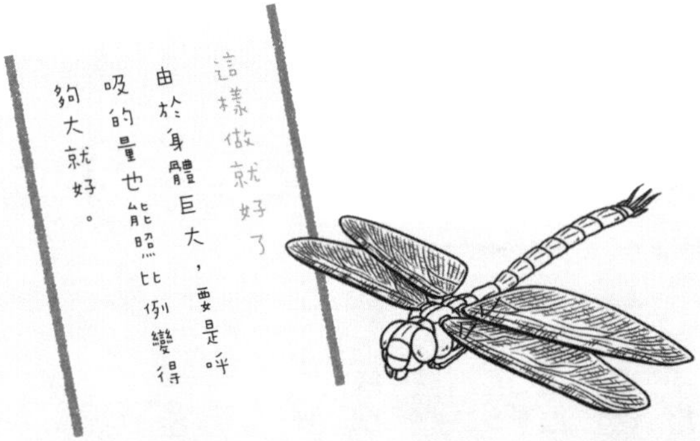
這樣做就好了
由於身體巨大，要是呼
吸的量也能照比例變得
夠大就好。

滅絕年代	石炭紀末
大小	展開翅膀達70cm
棲息地	歐洲
食物	昆蟲
分類	昆蟲類

昆蟲不像人類那樣有肺部，牠們是從身體側面的小洞（氣門）直接攝取氧氣呼吸。由於這種方式的效率不高，所以身體愈大，氧氣就愈難傳送到身體各個部分。巨脈蜻蜓繁盛時代的氧氣濃度很高，但隨著陸地上的動物增加，空氣中的氧氣濃度下降，呼吸變得不容易，於是就滅絕了。

前寒武紀	古生代						中生代			新生代		
	寒武紀	奧陶紀	志留紀	泥盆紀	石炭紀	二疊紀	三疊紀	侏羅紀	白堊紀	古第三紀	新第三紀	第四紀

腦袋不靈光而滅絕

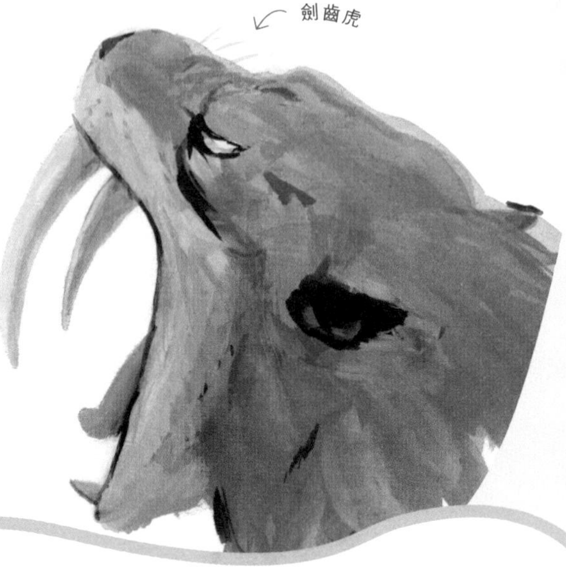

啊，是劍齒虎大大。你好啊～～聽說你最近搬到這附近來了。

可是……**我們的外表看起來真像！**還真是巧合啊。

咦？我可沒有模仿你喔!?你不要用那麼可怕的表情瞪我啦～～

的確，**不只是外表，就連看上的獵物、狩獵的方法也完全一樣……。**那就讓我們同心協力吧！

……什麼，假裝沒看見？難道總是搶在我前面、奪走獵物這些事，都是你故意做的嗎？

說來很不好意思，**我不太擅長思考事情。**

我都悠哉地去狩獵，結果總是因為沒有抓到獵物而大傷腦筋啊。

可能的話，留一點給我就算是幫了我大忙……。

腦袋不太聰明
牙齒收在這裡

袋劍虎

這樣做就好了
比起讓牙齒變長，還不
如鍛鍊頭腦……之類的
就好了。

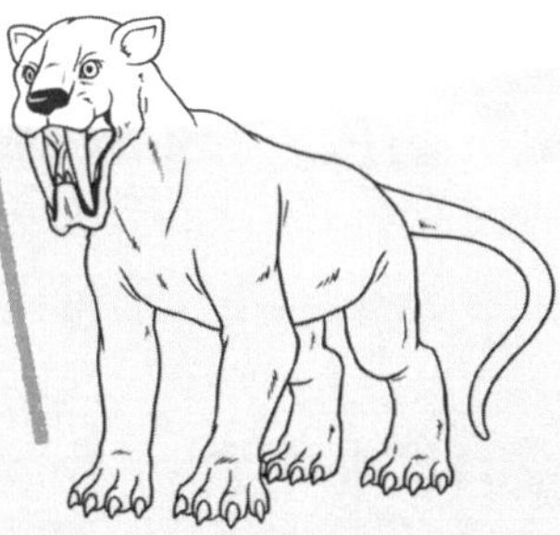

滅絕年代	新第三紀（鮮新世後期）
大小	體長1.5m
棲息地	南美
食物	大型哺乳類
分類	哺乳類

袋劍虎（有袋類）和劍齒虎（真獸類）雖然是不同物種，但外表和狩獵型態極為酷似。一般認為牠們之間的明顯差別就在於「聰明程度」。就身體構造而言，比起有袋類，真獸類的頭腦比較發達。因為如此，要和能想出高效率狩獵方法的劍齒虎競爭，或許就是袋劍虎落敗的原因。

前寒武紀	古生代						中生代			新生代		
	寒武紀	奧陶紀	志留紀	泥盆紀	石炭紀	二疊紀	三疊紀	侏羅紀	白堊紀	古第三紀	新第三紀	第四紀

怕熱又怕冷而滅絕

泰坦巨蟒

喂，鱷魚老弟，你到底吃了什麼熊心豹子膽，居然敢走過我的領域，白癡！

「你看起來好像不太舒服耶。」這樣說實在太輕描淡寫了！**我很怕熱啦。**這麼大的身體想要散熱，就得花很多時間。

哦？「怎麼不搬到涼爽的

地方去呢？」你是笨蛋嗎？**我更討厭寒冷了！**你明知道我沒辦法調節體溫，竟敢還來開我玩笑？要是氣溫低於攝氏三十度，我就會動彈不得了！

喂，鱷魚老弟，**凡事有好有壞**，身體小的動物雖然柔弱，但是身體輕盈；身體巨大的動物雖然強壯，卻不夠靈巧變通。

所以，我只要天氣稍微變得暖和，馬上就滅絕了啦，白癡！

這樣做就好了
要是把我生得小小的
就好了。

據說這是史上最大蛇類，全長13m，直徑1m，推估體重超過1公噸，是現在地球上最重的蛇類「綠森蚺」（green anaconda ）的5倍重。一般認為牠們是在恐龍滅絕後的水邊開始體型變大，以鱷魚等大型動物為主食，可說是天下無敵。但由於體型變得過大，導致無法順利調節體溫，只能在攝氏30至40度間活動，所以氣溫一變高就滅亡了。

滅絕年代	古第三紀（古新世）
大小	全長13m
棲息地	南美
食物	鱷魚
分類	爬蟲類

前寒武紀	古生代					中生代			新生代		
	寒武紀	奧陶紀	志留紀	泥盆紀	石炭紀	二疊紀	三疊紀	侏羅紀	白堊紀	古第三紀	新第三紀	第四紀

角太過華麗而滅絕
熊氏鹿

男性美學的完成形

嘿，you！要不要過來me這裡，聽我說說話呢？

OK，真是好孩子。你看看這個角，超酷的吧？**再怎麼說，前端有三十個以上的分枝呢。**呼！簡直就像愛的迷宮哪……OK，忘掉我剛剛說的話。

Me嗎？Me的**角卡到樹枝上，動彈不得了**。原本me生活在森林裡，後來搬到開闊的溼地。**問我為什麼嗎？**

因為角會卡到樹啊。但是，有好多人類搬到我們住的溼地了。

因為如此，草變少了，再加上**他們想要裝飾牆面或做成中藥等理由，我們的角就成為獵人狩獵的目標。**對於人類，我實在很無言啊。

話說回來，you能不能早點幫我把角從卡住的樹枝間拉出來？

這樣做就好了

如果像奈良鹿的角那麼小巧，是不是會比較好呢？

滅絕年代	1938年
大小	到肩部為止的高度為1.2m
棲息地	泰國
食物	草
分類	哺乳類

雖然大多數的鹿類都是在森林裡吃柔軟的樹葉，但是熊氏鹿的角變得愈來愈大後，經常會卡到樹枝，以致很難在森林裡生活。於是牠們搬到泰國昭披耶河（Chao Phraya River）周圍的溼地，以柔軟的草為食。但是當那裡發展成泰國首都後，棲息地變成了農田，雄偉的角成為狩獵的目標，因此而滅絕。

前寒武紀	古生代						中生代			新生代		
	寒武紀	奧陶紀	志留紀	泥盆紀	石炭紀	二疊紀	三疊紀	侏羅紀	白堊紀	古第三紀	新第三紀	第四紀

背上的帆很礙事而滅絕

帆龍（異齒龍）

啊呀呀呀呀，又——卡住了。一直揹著這東西，真是累死我了。

背上的帆很帥氣吧。到很久以前為止，都還是大家羨慕的對象。

在我們繁盛的時代，當時的氣候相當寒冷，大家都必須在陽光下待上好長一段時間，把身體曬暖和之後才能活動。不過，我們**可以藉由這個大型的帆吸收到許多陽光**，因此能比其他動物更早開始活動，也就能更隨意地獵捕獵物。那個時代真是美好啊。

可是啊可是，過了不久之後，地球的氣溫上升了，**然後其他動物突然間可以開始自由活動。**於是我的帆變得很礙事，成為一種負擔。

結果，獵物和棲息地都被奪走，而我們也就這樣滅絕了。

2 因為太過頭，所以滅絕

這樣做就好了
如果背上的帆能摺疊起來收著就好了。

滅絕年代	二疊紀前期
大小	全長3m
棲息地	美國
食物	大型動物
分類	合弓類

帆龍的外表看起來像恐龍，其實牠們屬於兩生類及哺乳類中間的「合弓類」動物。在帆龍以最大級肉食動物自居的繁盛二疊紀前期，氣溫是很低的，因此，背部能快速提高體溫的帆應該就很有用處，因為能讓牠們曬到許多早晨的陽光。但是當氣候變暖，帆的優勢也消失了，因而逐漸滅亡。

	古生代						中生代			新生代		
前寒武紀	寒武紀	奧陶紀	志留紀	泥盆紀	石炭紀	二疊紀	三疊紀	侏羅紀	白堊紀	古第三紀	新第三紀	第四紀

真 抱歉～～長成這樣真是失禮了。不不～～託了福，身體變得愈來愈大。哎呀哎呀，真是承受不起啊，**因為全長三十五公尺有一半是脖子的長度！**

什麼？不愧是我嗎!?正如你所說的，**脖子的保養真的很辛苦呢。**儘管如此，我還是有努力下工夫啦，盡量讓脖子的骨頭變輕。雖然也不是太順利啦。

　脖子要是折斷的話會很麻煩，所以加強了基部的骨頭，讓它變得堅固，**不過這樣一來，活動就變得不靈巧了。**假如時鐘的九點位置是我脖子伸直的狀態，我的頭就只能抬高到大約十點鐘的方向而已。

　所以囉，我並沒有辦法像長頸鹿那樣，吃著長在高樹上的樹葉。

　不，但我還是可以水平移動的。由於我的身高沒有增加，只能吃到肩膀高度左右的樹葉，真是不會替別人著想啊！

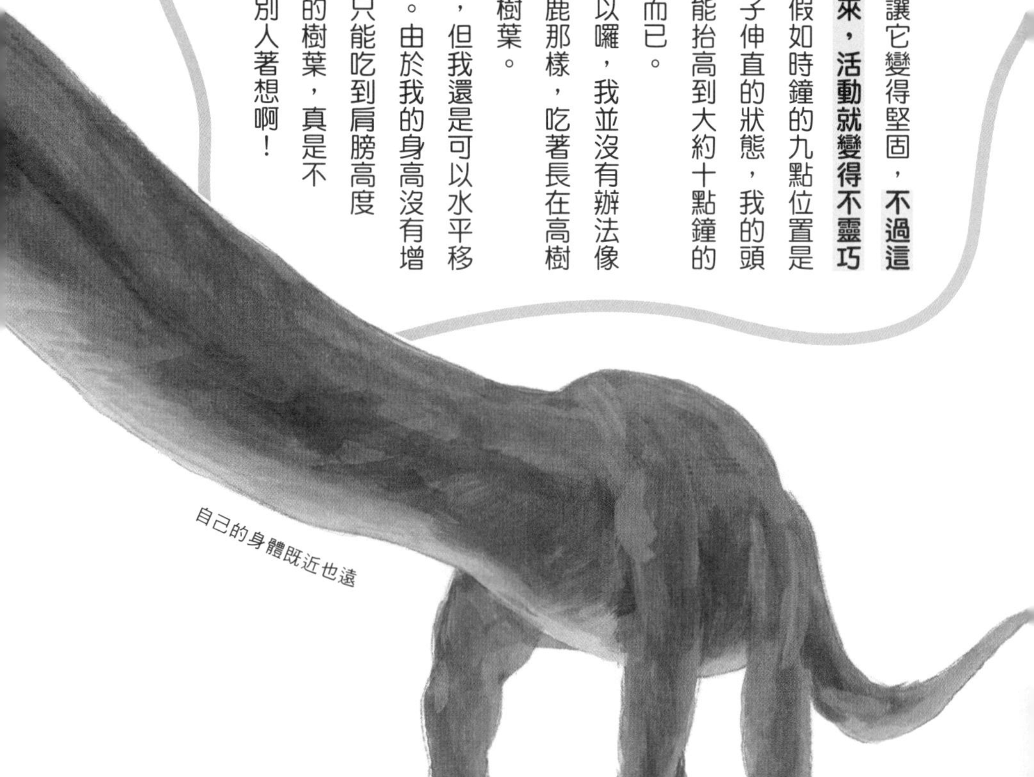

2 因為太過頭，所以滅絕

脖子太長而滅絕

馬門溪龍

這樣做就好了
讓脖子變短一些，讓動
作靈活一點，
才是正確的做法。

滅絕年代	侏羅紀後期
大小	體長可達35m
棲息地	中國
食物	樹葉
分類	爬蟲類

這種在恐龍中出奇巨大、擁有長長的脖子和尾巴的類群，稱為「蜥腳類」。馬門溪龍被認為是蜥腳類中脖子最長、不太走路、食用植物範圍廣泛的一種。但因無法提升支撐長脖子的骨骼強度，脖子似乎只能上下左右活動30度而已。因為沒辦法靈活使用，於是就在無法拓展棲息地的狀態下滅亡了。

	古生代						中生代			新生代		
前寒武紀	寒武紀	奧陶紀	志留紀	泥盆紀	石炭紀	二疊紀	三疊紀	侏羅紀	白堊紀	古第三紀	新第三紀	第四紀

休息一下❷ 地層之歌

屍體千層派 Live Ver.

鸚鵡螺 With 粉絲團
作詞：貝田高高
作曲：貝田高高

♪我啊　注意到了（咦？）
地層呢　好像千層派耶♡（為什麼？）
自古以來依序排列（是什麼？）
沙子或小石頭層層堆疊！（哇喔！）
演化♡（滅絕！）演化♡（滅絕）
只要看看地層？（就知道時代！）
還注意到另一件事（咦？）
地層呢　每個時代的顏色都不同（為什麼？）
因為會隨時代而改變（是什麼？）
土質或化石的種類（哇喔！）
演化♡（滅絕！）演化♡（滅絕）
只要看看地層？（就知道時代！）
喂　生物們　不論是誰……
有生就有死　這是一定的……（淚！）
總是要變成　地層的一部分啊
（就是一定要變！這就是命運！）
演化♡（滅絕！）演化♡（滅絕）
只要看看地層？（就知道時代！）

3

因為笨拙，所以滅絕

呼吸、進食、睡覺。
光是活著就已經非常努力了，
所以即使笨拙也沒關係。
雖然有可能會滅絕啦。

沒辦法好好飛而滅絕

OK，再來一次！這次一定能飛，嗯，飛啊。我覺得好像已經抓到訣竅了。

哈哈，早就知道了，是嗎……？**事實上，我並不是鳥類的祖先。**現存鳥類的祖先另有他人，我其實沒有留下任何子孫……沒錯吧？傻瓜，不要一臉哀傷啦。喂，笑一笑！

我的肌肉確實有點少。不過你看看，**我可是有翅膀的，而且還有五片！**

始祖鳥

第2片
不能飛，但有5片翅膀
第3片
第4片
第5片
啪嗒啪嗒啪嗒

雖然不擅長往上飛，卻很擅長從高處往下飛呢！而且因為我的骨頭疏鬆，所以很輕。對吧？應該辦得到吧？

好了，我好像覺得有精神了！聽我碎碎唸，真是感謝啊。我已經不介意重力那種東西了。

一二三！……哎呀，好奇怪啊。

第1片
明明是鳥
卻長滿牙齒

這樣做就好了
要是擁有能夠強力拍打的翅膀和肌肉，那就太棒了。

滅絕年代	侏羅紀後期
大小	全長50cm
棲息地	德國
食物	昆蟲
分類	鳥類

雖然始祖鳥和鳥類一樣都有翅膀，但牠們有著鳥類所沒有的「前肢爪子」、「尾巴」和「牙齒」，呈現出從恐龍到鳥類還未演化完成的樣子。雖然無法拍打翅膀飛行，但似乎能夠展開翅膀如飛鼠般滑翔。只不過，牠們不是現在鳥類直接的祖先。當會飛的鳥（因此成為現今鳥類的祖先）出現後，或許牠們因為棲息處和食物被奪走而滅絕了。

	古生代						中生代			新生代		
前寒武紀	寒武紀	奧陶紀	志留紀	泥盆紀	石炭紀	二疊紀	三疊紀	侏羅紀	白堊紀	古第三紀	新第三紀	第四紀

肌肉發達而滅絕

噓——安靜！難得獵物靠得這麼近，這下子不是就讓牠逃走了！

確實，我的肌肉或許很發達。牙齒也很長，當然從前也曾有過全盛時期。

但不是有句話說「過猶不及」嗎……？**就是沒辦法跑得很快啊，因為我的肌肉很礙事。**

斯劍虎

還有，我的尾巴也太短了啦，沒辦法幫我平衡身體，**我完全不具備可以快速動作的才能**。「恰到好處」實在很難做到啊。

我好想要回到有猛獁象或大地懶這類動物存在的時代啊，牠們雖然巨大，但是動作遲緩。**現在的對手都是些行動迅速的動物，實在太辛苦了。**

所以，我只能這樣躲在下風處，讓自己不被察覺地慢慢靠近。別再吵我了啦！

這樣做就好了
如果像獵豹那樣擁有柔軟富彈性的身體就好了呢！

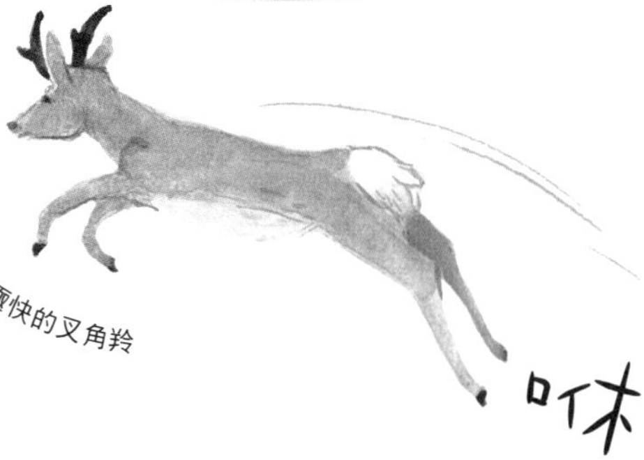

速度極快的叉角羚

滅絕年代	第四紀（全新世）
大小	體長1.2m
棲息地	北美、南美
食物	大型哺乳類
分類	哺乳類

斯劍虎是以猛獁象等動作緩慢的大型獸類為主要狩獵對象，獵捕時以前腳壓住獵物，再用大牙把牠們咬住。牠們是貓科動物，體型很結實，腳和尾巴很短，脖子周圍的肌肉十分發達，但似乎不擅長跳躍和爬樹。因為如此，一般認為大型獸類滅亡後，牠們就沒辦法捕捉到動作靈敏的獵物，於是滅絕了。

	古生代						中生代			新生代		
前寒武紀	寒武紀	奧陶紀	志留紀	泥盆紀	石炭紀	二疊紀	三疊紀	侏羅紀	白堊紀	古第三紀	新第三紀	第四紀

嘿

嘿，兄弟，你們奪走了人類的寶座。我絕對不會忘記五萬年前的事情。我與你們相遇，雖然關係so good，但是根本nothing。

結實的我和看起來麻吉的你到底是誰比較強，其實一目瞭然。當然囉，絕對是我會贏啊。可是結果和我想的完全相反。**你們竟然以群體的方式來攻擊我，真是饒了我吧。**

這真是令人非常意外。簡直出乎我的意料之外。**你們相信「神」，而我們相信的是「肉」**。地球上所有的肉都是我的東西。奪走它們的傢伙是野獸。**協力合作的生活完全不在我的考慮之內。**耶～～

我們不會成群結夥。我們缺乏的是信心。神、朋友、家人、大家，抱歉啦。我們不能忘記對他人的感謝。現在能相信就是love & peace。耶～～

缺乏想像力而滅絕

尼安德塔人

3 因為笨拙，所以滅絕

神
肉
人

這樣做就好了
相信人類全都是一家人
的精神，就是你們勝利
的原因！喲呼！

滅絕年代	第四紀（更新世後期）
大小	身高1.6m
棲息地	歐洲
食物	猛獁象和鹿
分類	哺乳類

尼安德塔人和我們（人類）在生物學上極為相近。除此之外，他們的肌肉比人類更精實，力氣很大，腦容量也大。儘管如此，有一種說法認為，他們滅亡的原因在於想像力不夠。相較於能和眾人一起想像單一神明並鞏固團體向心力的人類，或許僅組成家族單位這種小團體的他們在數量上就完全輸了。

	古生代						中生代			新生代		
前寒武紀	寒武紀	奧陶紀	志留紀	泥盆紀	石炭紀	二疊紀	三疊紀	侏羅紀	白堊紀	古第三紀	新第三紀	第四紀

遭鯨魚反擊而滅絕

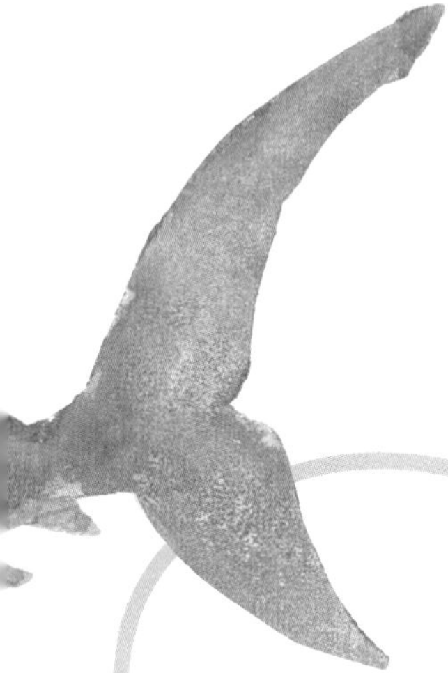

閃 開閃開閃開，虎鯨來了啦，這下子可糟糕了，就說糟了咩！**沒辦法沒辦法，我贏不了的，根本沒辦法贏過虎鯨，那些傢伙超強又超快！**我的身體雖然很大，可是速度很慢，沒辦法！

溫暖海洋的時代真是好啊。那時候我都是吃鯨魚。**從前的鯨魚體型不太大，游泳速度也不快，所以我輕輕鬆鬆就能捕到牠們，簡直就是任我吃到飽的狀態。**

可是，海洋逐漸變冷了。由於太冷了，我只能夠緩慢地游動，但是**鯨魚那些傢伙反而朝著速度提升的方向演化了。**

我不但沒辦法再吃鯨魚，最後竟然連虎鯨那樣又快又強的怪物也誕生了，還盯上了我。

演化，真是好討厭啊！

看起來很快，其實很慢
光是牙齒就有17cm

巨齒鯊

這樣做就好了
如果能像鯨魚那樣保持
體溫，我也可以游得很
快啊。

滅絕年代	新第三紀（鮮新世中期）
大小	全長12m
棲息地	從熱帶到溫帶的海洋
食物	鯨魚
分類	軟骨魚類

巨齒鯊的全長比電影《大白鯊》中為人所知的食人鯊大了3倍，體重也多了27倍。雖然牠們過去是以體長4m左右的鯨魚為獵物，但當海水溫度下降後，狀況就改變了。鯨魚的活動力和水溫高低無關，但鯊魚的動作會因水溫下降而變慢。除此之外，由於鯨魚演化後的速度變快，終於讓巨齒鯊再也沒辦法獵捕牠們了。

	古生代						中生代			新生代		
前寒武紀	寒武紀	奧陶紀	志留紀	泥盆紀	石炭紀	二疊紀	三疊紀	侏羅紀	白堊紀	古第三紀	新第三紀	第四紀

牙齒太弱而滅絕

奇蝦

雖然長這樣，嘴巴卻很細緻♡

你這個笨蛋！怎麼又是硬邦邦的三葉蟲啊？你要俺吃這種東西？

你這傢伙，知道俺是何方神聖嗎？**俺正是寒武紀之王，奇蝦喔！**在那個到處只有不到十公分小傢伙的時代，身體一公尺大的動物大概就只有俺。

更何況，俺的眼睛好得不得了，還可以自由地改變眼球的方向。從前我就是用眼睛尋找又軟又好吃的三葉蟲，然後把牠們吃掉。

但是，那些傢伙的殼演化得愈來愈堅硬，還長出很多刺來防身之類的，真是太得意忘形了……！

俺的牙齒不好，這下不就沒辦法吃了嗎？

喂，誰可以把剛剛蛻皮的三葉蟲抓來啊？

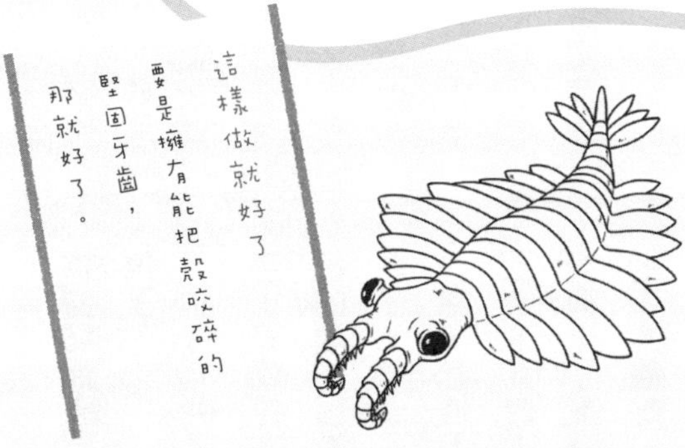
這樣做就好了
要是擁有能把殼咬碎的
堅固牙齒，
那就好了。

滅絕年代	寒武紀中期
大小	全長1m
棲息地	北美、中國
食物	三葉蟲等
分類	奇蝦類

寒武紀時，作為體型最大動物君臨海洋的就是奇蝦。牠們具有當時最發達的眼睛和鰭，雖然沒有腳，但似乎能用頭部前方兩根很粗的觸手來捕捉獵物，然後送進圓圓的嘴裡吃掉。不過一般認為牠們沒辦法吃太硬的東西，所以隨著身體堅硬的動物數量逐漸增加，奇蝦也就滅亡了。

	古生代					中生代			新生代		
前寒武紀	寒武紀	奧陶紀	志留紀	泥盆紀	石炭紀	二疊紀	三疊紀	侏羅紀	白堊紀	古第三紀	新第三紀	第四紀

食量太大而滅絕

巨犀

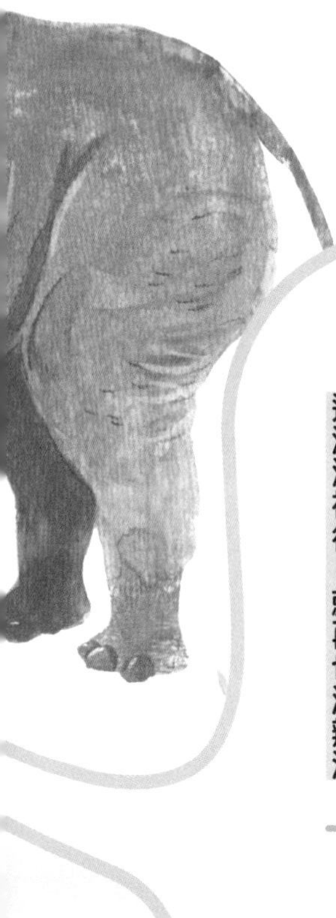

好吃！好吃吃吃吃吃吃，真好吃！這葉子……香醇可口，食慾完全停不下來啊！

哎呀呀，真是失禮了。如你所看到的，**我擁有從地面到頭頂達六公尺長的巨大身體**，如果一天沒有連續吃東西二十小時，就沒辦法存活了。嗝。

這麼說起來，有些同伴就是因為身體太重，不小心踩進沼澤裡後，就再也沒辦法轉身爬起來，結果就這樣滅頂了。

不過，當地球逐漸變冷、空氣變乾燥之後，哇，森林裡的樹木因為乾枯而變成草原了。

為了吃地上的草，脖子得上上下下的，很辛苦呢……嚼嚼……**而且草的數量根本就不夠我吃**，結果就這樣，嗝，抱歉，我就餓死了。嚼嚼。

嚼嚼嚼嚼嚼嚼嚼
食慾是大象的10倍
犀牛看起來像小孩
這樣做就好了
好想變得也能吃草
喔～～
嚼嚼嚼

滅絕年代	古第三紀（漸新世後期）
大小	到肩部為止的高度為5.5m
棲息地	歐亞大陸
食物	樹葉或樹枝
分類	哺乳類

史上最大的陸生哺乳動物就是這種巨犀。雖然和犀牛是相近的類群，不過體重是黑犀牛的20倍（20噸）。牠們沒有像犀牛那樣的角，但雄性似乎很擅長甩動長長的脖子，以頭槌攻擊。一般認為，牠們雖然利用身高優勢而獨占了高樹上的葉子，但是氣候變乾燥、樹木變少之後，就因為沒辦法獲得充足的食物而滅絕了。

	古生代						中生代			新生代		
前寒武紀	寒武紀	奧陶紀	志留紀	泥盆紀	石炭紀	二疊紀	三疊紀	侏羅紀	白堊紀	古第三紀	新第三紀	第四紀

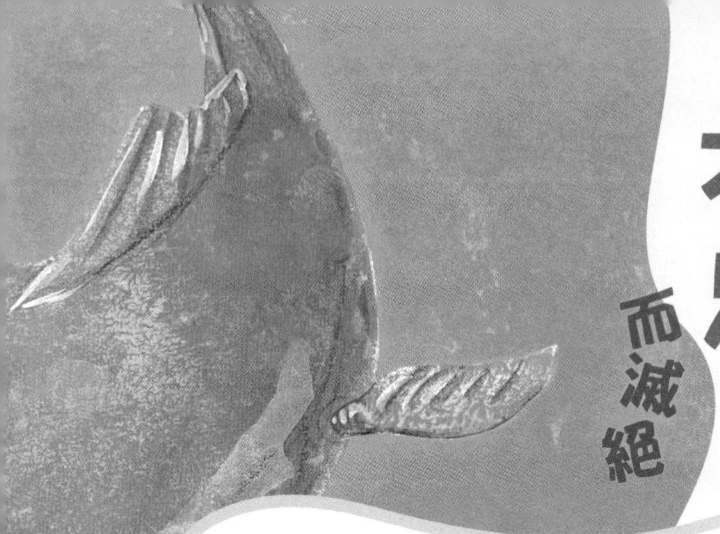

氧氣不足而滅絕

你知道「盛者必衰」這句話嗎？**不論是多強的生物，總有一天一定會變弱。**

三億五千萬年前，身為海中王者的在下也是如此。**在下的身體被板子般堅硬的骨頭覆蓋住，那個強度就像鎧甲一樣。**

我的身體長度有十公尺，非常巨大，咬合力比霸王龍（暴龍）還強，真是天下無敵啊。

然而，這樣的在下**居然因遭遇不及一公釐大的植物性浮游生物*滅亡了**，命運真是捉弄人啊。

在這個時代，陸地上出現了巨大的植物。

當那種植物枯萎後流入海中，植物性浮游生物就汲取它們的營養而數量大增。

因為如此，海中氧氣變得不夠，我們這個族群也就跟著窒息了。真令人懊惱啊！

*植物性浮游生物：一種在水中漂盪的生物，像植物一樣，可以藉由陽光製造能量。

3

因為笨拙，所以滅絕

鄧氏魚

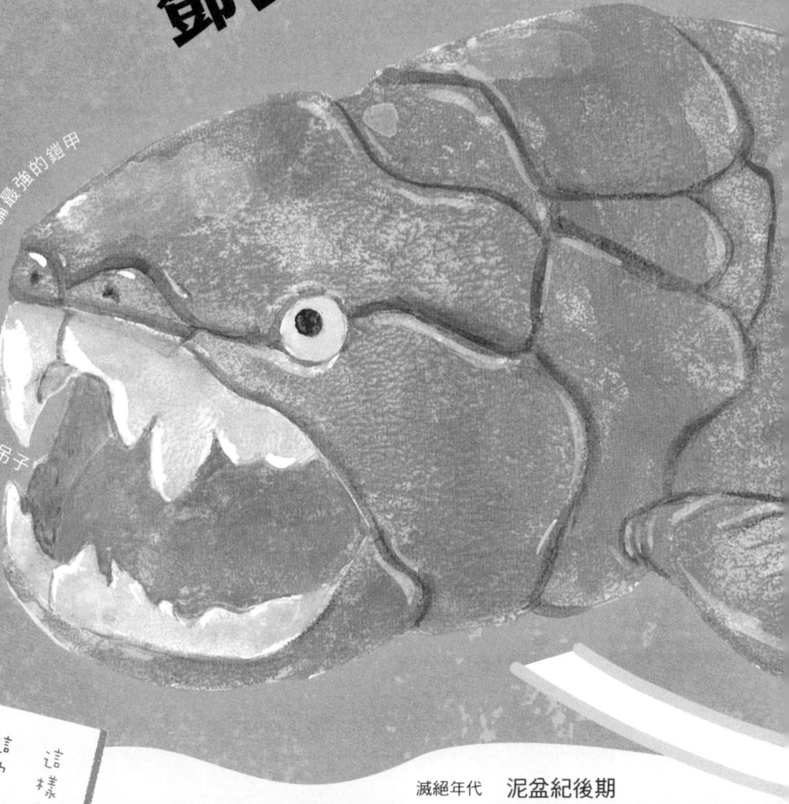

這樣做就好了
這也是在那個時代誕生的命運。
實在沒辦法。

滅絕年代	泥盆紀後期
大小	全長10m
棲息地	北美、非洲
食物	魚
分類	盾皮魚類

在鄧氏魚繁盛的泥盆紀，也是陸地上首次有樹木出現的時代，但分解植物的蕈類和白蟻都還沒演化。因為如此，當枯死的植物從河川大量流入海裡，攝取這些營養的植物性浮游生物就大量出現。結果，浮游生物用光了海裡的氧氣，導致以鄧氏魚為首的海洋生物有80%以上的物種滅絕了。

	古生代						中生代			新生代		
前寒武紀	寒武紀	奧陶紀	志留紀	泥盆紀	石炭紀	二疊紀	三疊紀	侏羅紀	白堊紀	古第三紀	新第三紀	第四紀

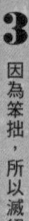

沒有風而滅絕
啊啊無風
阿根廷巨鷹

Winds、winds，嚕嚕嚕嚕嚕……。風啊，請你來吧，**我維持這個姿勢已經超過三小時了。**我的翅膀好痠，**而且這樣讓我毫無防備耶。好冷。**

Winds、winds，嚕嚕嚕嚕嚕……。風啊，你怎麼都不來呢？你要是不吹的話，我就沒辦法飛了，**因為我的體重有八十公斤。**

如果沒有你，我沒辦法從空中尋找動物的屍體，也就沒辦法進食了。

Winds、winds，嚕嚕嚕嚕嚕……。啊啊，風啊，你消失了嗎？**一定是因為地球變冷了吧。**

從前還很熱的時候，總是有很強勁的風對著安地斯山脈吹……

這樣做就好了
如果體重輕一點，我就能夠靠自己的力量飛行了喔。

滅絕年代	新第三紀（中新世後期）
大小	全長1.5m
棲息地	南美
食物	哺乳類的屍體
分類	鳥類

阿根廷巨鷹是鳥類史上最大的可飛行鳥類。翅膀展開時可達7.2m，體重也有80kg。只不過鳥類要能靠自己飛行，體重最多只到16kg。那麼，牠們究竟是怎麼飛的？似乎是利用從溫暖地面往上空吹送的「上升氣流」。但氣候改變、變寒冷之後，上升氣流就變弱，以至於無法在空中飛行，似乎因此而滅亡了。

	古生代					中生代			新生代		
前寒武紀	寒武紀	奧陶紀	志留紀	泥盆紀	石炭紀	二疊紀	三疊紀	侏羅紀	白堊紀	古第三紀	新第三紀	第四紀

巴基鯨

個性半吊子而滅絕

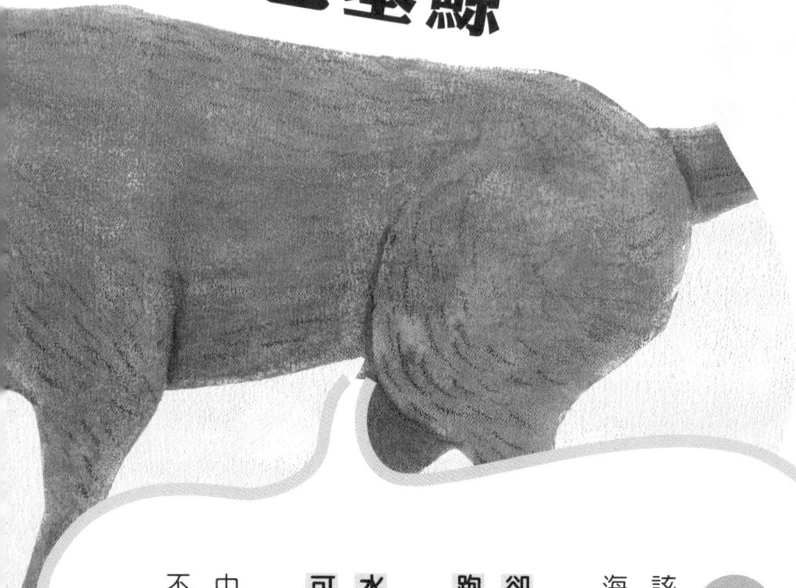

欸～～該怎麼辦？好猶豫喔。我究竟是該留在陸地上，還是回去大海呢？

我的臉雖然看起來像狼，**卻有著牛一般的蹄，很擅長跑步。**

而且耳朵的骨頭很厚，**在水中能聽得很清楚，所以也可以捕魚喔。**

因此，不管是在陸地或水中，哪一邊都能活得很好。

不過我不太擅長游泳，可能還是在陸地上比較好吧？

說著說著，在煩惱之際，**我的一部分子孫好像回到大海裡，演化成鯨魚了。**

牠們和我的可愛外表完全不像，「演化」真的沒有問題嗎？

不過，**沒有變成鯨魚的子孫因陸地上的競爭對手太多，結果滅絕了。**

果然還是不要猶豫，應該走大海系才對吧～～

陸地或海洋，那就是問題

子孫是鯨魚

這樣做就好了
做出改變生活場所的決定，
有時還是很必要的吧～～

滅絕年代	古第三紀（始新世初期）
大小	體長1.5m
棲息地	巴基斯坦
食物	魚或小型哺乳類
分類	哺乳類

雖然從外表上很難想像，不過巴基鯨的後代是鯨魚。巴基鯨遊走於陸地和水中，牠們以吃魚等維生。而其中出現了更適應水中生活的個體，後來成為鯨魚。另一方面，留在陸地上的巴基鯨後代並沒有為了要適應陸地或海洋而產生特化，就這樣半吊子地因為競爭對手出現而滅亡。

	古生代						中生代			新生代		
前寒武紀	寒武紀	奧陶紀	志留紀	泥盆紀	石炭紀	二疊紀	三疊紀	侏羅紀	白堊紀	古第三紀	新第三紀	第四紀

鯨魚游來南極而滅絕

大概是三千三百萬年前的事吧，那時候我住在南極大陸。

雖說是南極，但比現在溫暖，也沒有敵人，**我盡情地吃魚，也就這樣變大了。**

然後某一天，當我一如往常在海中游泳時，**我隱約看見遠處有一塊又黑又大、過去從未看過的岩石。**當我覺得「咦，好奇怪喔，真可疑啊～～」的時候，那塊岩石竟然逐漸靠近。

「啊，這下糟了。」正當我這樣想的瞬間，**岩石從正中間啪地分成上下兩半，卡滋一聲就把我眼前的魚唏哩呼嚕地吞下去了。**

我不記得我是怎麼回去的，不過在那之後，就很難再捕到獵物了。

而我後來才知道，**其實正是從那個時候起，鯨魚開始出現在南極。**

厚企鵝

這樣做就好了
即使獵物變小，為了生
存，身體還是小的好。

滅絕年代	古第三紀（漸新世前期）
大小	到頭頂為止1.4～1.8m
棲息地	南極大陸周邊
食物	魚或磷蝦
分類	鳥類

白堊紀末期，支配海洋的蛇頸龍們滅絕了，那時最早進出海洋的是企鵝的祖先。就在演化成適應海洋的身體時，牠們的翅膀變得又厚又短，而且不能飛，還出現了體型變大的種類。但是當較晚演化出來的鯨魚來到南極附近後，變大的企鵝似乎因為獵物被奪走而滅絕了。

	古生代						中生代			新生代		
前寒武紀	寒武紀	奧陶紀	志留紀	泥盆紀	石炭紀	二疊紀	三疊紀	侏羅紀	白堊紀	古第三紀	新第三紀	第四紀

為了吃草而滅絕

哼

……事到如今，已經沒什麼好說的。**「完敗」。光是這兩個字，理由已經很充分了。**

我的祖先原本好像是吃森林裡的樹葉維生，但由於氣候變乾燥，使得森林逐漸變少，**只好不情不願地來到草原。**在這種環境中誕生的，就是能吃堅硬草類的我。

我有很多競爭對手，但最終還是只有一決勝負這條路可走。

自信？我完全不需要那種東西，只是一味地吃眼前有的食物。為了生存，必要的就只有這樣而已。

只不過……對於突然誕生的我來說，草原並不是我能夠輕易決勝負的地方。**這裡有歐洲野馬、斑馬、水牛、瞪羚……，牠們全都是吃草專家。**

看著被吃得一乾二淨的草，我不時想著：**「啊啊，我還是想吃樹葉啊。」**

3 因為笨拙，所以滅絕

西瓦鹿

好ㄆㄆ……
競爭對手太多……！
這樣做就好了
要是在森林變小時，也
能一點一點地吃樹葉就
好了。

滅絕年代	第四紀（更新世後期）
大小	到肩為止的高度2m
棲息地	非洲、歐亞大陸
食物	草
分類	哺乳類

雖然長相是這樣，其實和長頸鹿是親戚。原本在森林吃樹葉，但由於氣候改變，森林逐漸變成草原，就只好來到草原。西瓦鹿的牙齒演化成具有厚度、可吃堅硬的草。然而草原上有各種馬或牛的同類等，吃草的競爭對手太多，於是牠們在生存競爭中戰敗，從此滅絕。

	古生代						中生代			新生代		
前寒武紀	寒武紀	奧陶紀	志留紀	泥盆紀	石炭紀	二疊紀	三疊紀	侏羅紀	白堊紀	古第三紀	新第三紀	第四紀

土地乾涸而滅絕

蝦蟆螈

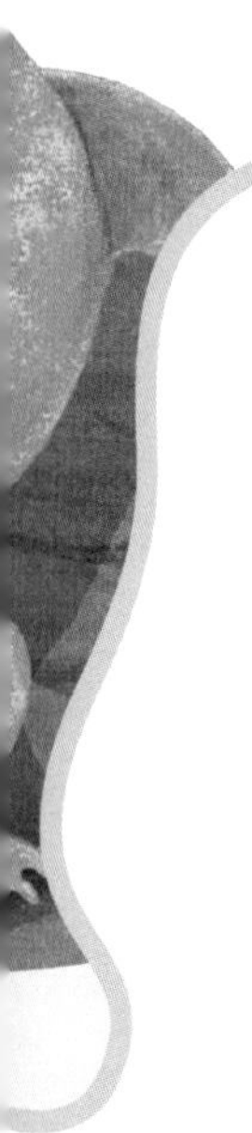

喂，就一隻腳應該沒問題吧？讓我吃一點啦？

反正我也只能待在水邊生活。我的頭長得超大，在陸地上行走可是非常辛苦呢。

除此之外，下方牙齒還從上顎突出來。真是受不了啊～～那不是鼻毛啦，到底要我講幾次才聽得懂，笨蛋～～

別看我這樣，我剛出現時，到處都在謠傳「有種非常大的兩生類」。

然後你看看後來，**鱷魚那傢伙一出現的瞬間，居然就把我淘汰了。**

鱷魚那傢伙只不過是能夠應付乾燥狀態，就跩得跟什麼一樣，白癡啊！

哎哎，為什麼我住的那條河會乾涸呢？**要是我能再稍微耐點乾燥，我就能存活下來了。**

喂，拿水來啊，水！要乾掉了啦！

3 因為笨拙，所以滅絕

好想念水
不知道為什麼穿過上顎的牙

這樣做就好了
好想像鱷魚那樣，擁有
能夠抵擋乾燥的頑強鱗
片啊。

滅絕年代	三疊紀後期
大小	全長6m
棲息地	世界各地的河川
食物	魚
分類	兩生類

擁有扁平身體及巨大頭部的蝦蟆螈，是史上生活在池塘或河川中最大的兩生類，光是頭部最大就可達1.4m，占了整個身體的四分之一。幼體時在水中以鰓呼吸，到了成體雖然在陸地上以肺呼吸，但因不耐乾燥而沒辦法離開水生活。當乾季水變少的時候，牠們會聚集在只有一點點水的地方擠成一團，有時因此而全部滅亡。

	古生代						中生代			新生代		
前寒武紀	寒武紀	奧陶紀	志留紀	泥盆紀	石炭紀	二疊紀	三疊紀	侏羅紀	白堊紀	古第三紀	新第二紀	第四紀

隨隨便便就上陸而滅絕

魚石螈

嘿，就是你！到這裡坐吧，這裡。

我啊雖然不久前從河裡爬到陸地上，但什麼好事也沒有。原本以為只要到了陸地就會有好多食物可以吃，可是竟然只有小蟲子而已！真讓人沮喪啊。

啊，你摸摸我的胸口。輕輕的、輕輕的喔？

硬邦邦的，對吧？這是肋骨，非常粗呢。和水裡不一樣，在陸地上要支撐身體不是很辛苦嗎？所以就像讓骨頭和骨頭重疊般，弄得又粗又堅固。

可是這樣一來，就沒辦法左右扭動身體，也沒辦法靈巧游泳了，真是昏倒！

雖說如此，我在陸地上行走也很緩慢，因為身體很重。就算抓蟲吃，也完全吃不飽。

啊～～啊！我為什麼要爬到陸地上呢？

多餘的強壯身體
總之就來了，但毫無意義

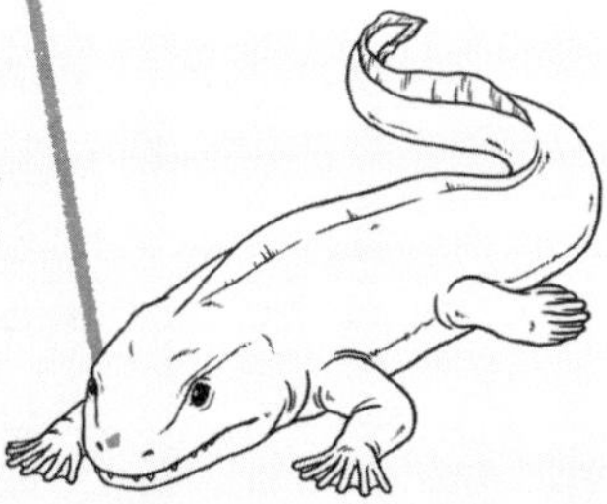
這樣做就好了
我應該至少等到較大蟲
子出現時，
再爬到陸地上才對啊。

滅絕年代	泥盆紀後期
大小	全長1m
棲息地	格陵蘭
食物	魚
分類	兩生類

一般認為，脊椎動物（有脊椎骨的動物）中最先在陸地上行走的就是魚石螈。牠們是從「肉鰭類」的魚演化而來，這種魚擁有像腳一般粗的鰭，以及能呼吸空氣的肺。但由於牠們的身體變太大了，胸部的骨頭又過於結實，不論在陸地或水裡都動作緩慢。加上牠們身處的泥盆紀，陸地上還沒有充足的獵物，於是爬上陸地這行為就以失敗告終了。

	古生代						中生代			新生代		
前寒武紀	寒武紀	奧陶紀	志留紀	泥盆紀	石炭紀	二疊紀	三疊紀	侏羅紀	白堊紀	古第三紀	新第三紀	第四紀

休息一下③——隕石之歌

超絕隕石撞擊

歌：霸王龍
作詞：暴龍
作曲：BADWINGS

♪我從宇宙盡頭　前來拜訪！
在六千六百萬年前　前來拜訪！
以時速七十萬公里衝撞而來
那個直徑十公里的巨大傢伙

它的名字是隕石！超級勁爆！
衝撞隕石直接命中地球！
沒人能逃脫　滅亡的命運

放眼望去　全面粉碎
一瞬間　全數蒸發
引發三百公尺海嘯
留下直徑一五〇公里洞穴的那個傢伙

它的名字是隕石！超級勁爆！
若覺我騙你　就去看看吧
墨西哥的那個洞
希克蘇魯伯隕石坑*

我們恐龍　通通滅絕
小心小心　那些傢伙　還會再來
每六千萬年一次　過來拜訪
對著那個命運顫抖入眠（謝謝！）

＊地表最大撞擊隕石坑，造成白堊紀末期的恐龍大滅絕。

4

因為運氣不好，所以滅絕

現在，地球上的生物
只不過是剛剛好存活在這裡。
相反的，滅絕的生物
只是剛好不巧滅亡而已。

隕石撞地球而滅絕

霸王龍（暴龍）

不可能啦。隕石掉下來真的不可能。**直徑十公里耶（笑）**。撞上地球時，**引發了高達三百公尺的海嘯呢。**連我都對它感到害怕了，因為我只想到「地球融化了嗎」。

不過我沒有輸給水。問題是在那之後喔。由於隕石撞擊，讓大量塵沙飄上空中，把整個地球覆蓋住了。

因為如此，地球變得非常寒冷，導致植物無法生長，而以它們為主食的草食恐龍就死掉了。

你們要在那裡好好地活著啊！不過就算你們活著，我還是會吃掉你們！唉，有段時間，我就是靠著吃牠們的屍體，不過還是沒辦法持續下去呢。

結果屍體很快就沒了，**肚子餓扁了，天氣又超冷，然後就滅絕囉。**

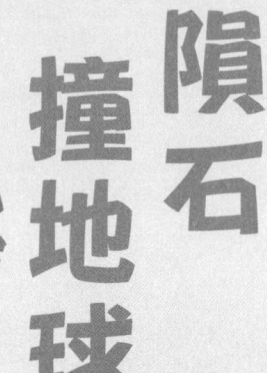

4 因為運氣不好，所以滅絕

前肢有兩根可愛的趾頭

這樣做就好了
像熊一樣選擇冬眠，可
能也不錯。

滅絕年代	白堊紀末期
大小	全長12m
棲息地	北美
食物	中到大型的恐龍
分類	爬蟲類

這是白堊紀後期出現的最大肉食恐龍。一般認為牠們維持體溫的機制雖然不完全，卻也能像哺乳類那樣保持一定的體溫，還能以時速約30km的速度奔跑，只不過為了維持體溫需要很多營養。正因為如此，6600萬年前隕石掉落在地球上，之後發生食物匱乏情形而撐不下去，便和其他恐龍一起滅亡了。附帶一提，當時地球上的生物有70%的物種都滅絕了。

	古生代						中生代			新生代		
前寒武紀	寒武紀	奧陶紀	志留紀	泥盆紀	石炭紀	二疊紀	三疊紀	侏羅紀	白堊紀	古第三紀	新第三紀	第四紀

大海雀
島嶼沉沒而滅絕
——無計可施！

啊

啊啊，海洋愈逼愈近，看起來這裡應該也快不行了……。**雖然我是鳥，可是根本沒辦法在空中飛。**

我可不是企鵝喔。雖然外表以及能在海中潛水這部分很相似，不過卻是完全不同的鳥類。

我原本棲息在溫暖的地方，但是因為遭到人類的獵捕，只好不斷地往北逃跑。**最後抵達的，就是位於冰島附近的這座島。**儘管數量減少了，倒也度過一段十分平靜的生活。

可是，附近的海底火山突然爆發，結果發生了大地震，**我們居住的這個島也就此沉沒。**

唉……要是能夠再多活一點時間，或許就可以像企鵝一樣大受歡迎了。

只要想到這件事，就讓我感到無比遺憾。

這樣做就好了
我應該像企鵝那樣，從一開始就到人煙稀少的地方定居才對。

滅絕年代	1844年
大小	全長80cm
棲息地	北大西洋沿岸
食物	魚
分類	鳥類

這是會潛到海中捕魚但不會飛的鳥。由於牠們在陸地上的行動遲緩，很容易被人類捕捉，於是就逐漸被趕往北方的海洋。最後抵達冰島的島嶼，卻因海底火山爆發而沉陷於海中。雖然有50隻左右的大海雀在九死一生中從島上逃到附近岩石堆積的地方，卻因各地博物館為了取得標本而將牠們獵捕殆盡。

前寒武紀	古生代						中生代			新生代		
	寒武紀	奧陶紀	志留紀	泥盆紀	石炭紀	二疊紀	三疊紀	侏羅紀	白堊紀	古第三紀	新第三紀	第四紀

河川汙濁而滅絕

白鱀豚

算了，隨便啦，請不要再管我了。**演化成可以生活在長江這條河裡的我實在太傻了。**

因為周圍有四億多人在此生活呢。**如果家庭或工廠廢水全都排進這裡，河川當然會變混濁啊。**

人類大量捕捉河裡的魚也是為了生活所需，那是沒辦法的事情。**唉，都是因為這樣，也讓我們再也捉不到獵物了。**

其他還有因為蓋了水力發電水壩而無法與同伴聯絡，以及森林樹木遭到砍伐而導致沙土流進河川等，不過那也無所謂了，反正都已經滅絕了。

啊啊，**明明已經在這條河裡生活了兩千萬年哪。**結果還是失敗了。

打開嘴巴就看到約160顆牙齒
呈現已放棄的姿態

這樣做就好了
要是不去什麼河裡而留
在大海裡就好了啊。

滅絕年代	21世紀
大小	體長2.5m
棲息地	中國的長江
食物	魚或蝦等
分類	哺乳類

海豚通常生活在海裡，白鱀豚則棲息在「長江」這條中國最大的河裡。由於長江的水變得混濁，牠們的眼睛退化成很小，取而代之的是依賴「回聲定位」，用超音波判斷物體的距離和方向、大小等。此外，牠們演化成具有能夠靈巧活動的脖子和大型胸鰭，適於躲避河底障礙物。但由於人類不斷破壞環境，導致牠們已經滅絕的可能性很高。

	古生代						中生代			新生代		
前寒武紀	寒武紀	奧陶紀	志留紀	泥盆紀	石炭紀	二疊紀	三疊紀	侏羅紀	白堊紀	古第三紀	新第三紀	第四紀

捲入蝸牛紛爭而滅絕

嘎

哈……啊，老哥，我好像不行了……。

真快樂啊，島上只有我們的那段時光，**那時完全沒料到，我們的地盤會有被非洲大蝸牛搶走的一天。**

那些傢伙……真是亂搞一通啊。

牠們原本被島上人類養來吃的，但是**逃跑野生化後食**

會吃蝸牛的玫瑰蝸牛
在這之後被吃掉了

玻里尼西亞蝸牛

髓知味，居然連人類的農作物都吃得一塌糊塗，真是亂七八糟！

人類非常生氣，把牠們的天敵「玫瑰蝸牛」帶來的時候，我還想說：「你看吧，活該。」

可是……可是呢，**玫瑰蝸牛那些傢伙竟然不吃非洲大蝸牛，而是不停地吃我們！**這件事明明和我們一點關係也沒有啊，真是太過分了！

你也對牠們說些話吧，老哥！

這樣做就好了
要是擁有能逃離牠們的
快速腳程，是不是好多
了呢？

世界最大的蝸牛
——非洲大蝸牛

滅絕年代	20世紀
大小	殼的長度1～2cm
棲息地	法屬玻里尼西亞
食物	植物
分類	腹足類

蝸牛的種類其實很多。由於牠們動作緩慢、行動範圍狹窄，很容易依照地域而分類成不同物種。玻里尼西亞蝸牛是原本生活在法屬玻里尼西亞的原生種蝸牛，由於人類帶來的非洲大蝸牛數量過度增加，為了驅除牠們而將玫瑰蝸牛野放，結果卻攻擊玻里尼西亞蝸牛，於是原本60種左右的原生種蝸牛幾乎全部滅絕。

	古生代						中生代			新生代		
前寒武紀	寒武紀	奧陶紀	志留紀	泥盆紀	石炭紀	二疊紀	三疊紀	侏羅紀	白堊紀	古第三紀	新第三紀	第四紀

岩漿爆發而滅絕

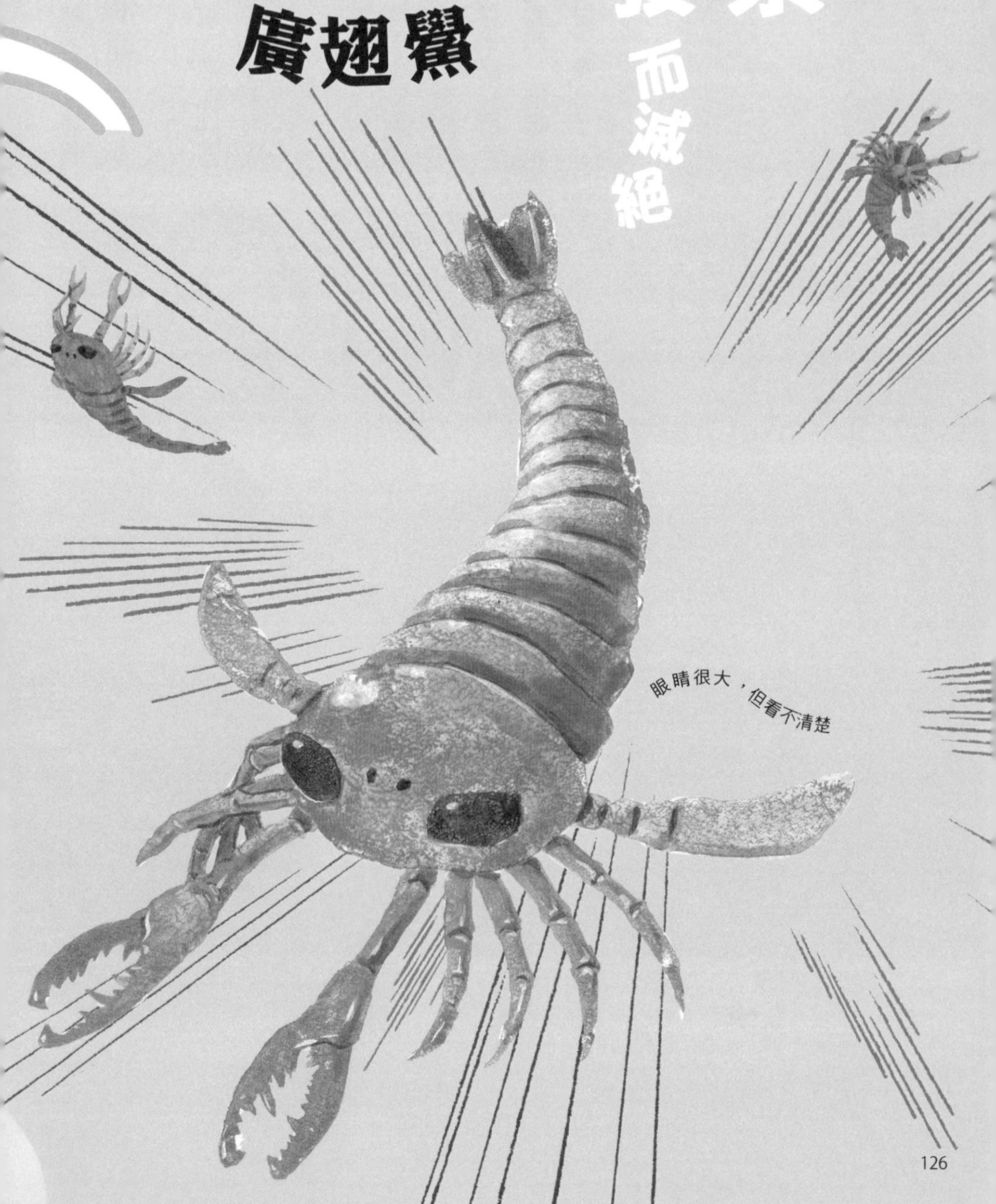
廣翅鱟
眼睛很大，但看不清楚

你們應該不知道兩億五千萬年前發生的岩漿大爆發吧，雖然那次大爆發被冠上「超級地函熱柱」這種很像必殺絕技的名字，但那就是個地獄啊。

有一天，才剛覺得海底突然好像裂開了，馬上就有巨大的岩漿噴發出來。那才不是什麼熔岩之類馬馬虎虎的玩意，**簡直讓人以為是地球內部整個跳出來的勢頭，一股腦地噴發到地面上來。**

再加上和岩漿一起噴出的二氧化碳，整個地球因此變熱，而且氧氣變少了，大家都感到呼吸很困難。

後來才知道，由於這個大爆發，**導致當時生存於海洋的生物中，百分之九十六的物種都死光了。**當然，我也沒有逃過這場浩劫。

人類的文明也是一樣喔。只要每次有岩漿噴發，就會輕易地被重寫，就像畫在畫布上的油畫那樣。

這樣做就好了
在該死的時候，
大家都是會死的。

滅絕年代	二疊紀末期
大小	體長5～250cm
棲息地	世界各地的海洋和河川
食物	三葉蟲或魚等
分類	螯肢類

在古生代前半期的海洋中，天下無敵且繁盛的就是廣翅鱟類。可是到了古生代中期的泥盆紀，出現了「大型肉食性魚類」這種強敵。廣翅鱟的天下就此終結，伴隨而來的都是體型變小的物種。然後，發生在二疊紀末期的「超級地函熱柱」導致的岩漿噴發，以致命一擊的形式讓牠們都滅絕了。

	古生代						中生代			新生代		
前寒武紀	寒武紀	奧陶紀	志留紀	泥盆紀	石炭紀	二疊紀	三疊紀	侏羅紀	白堊紀	古第三紀	新第三紀	第四紀

聖母峰變高而滅絕

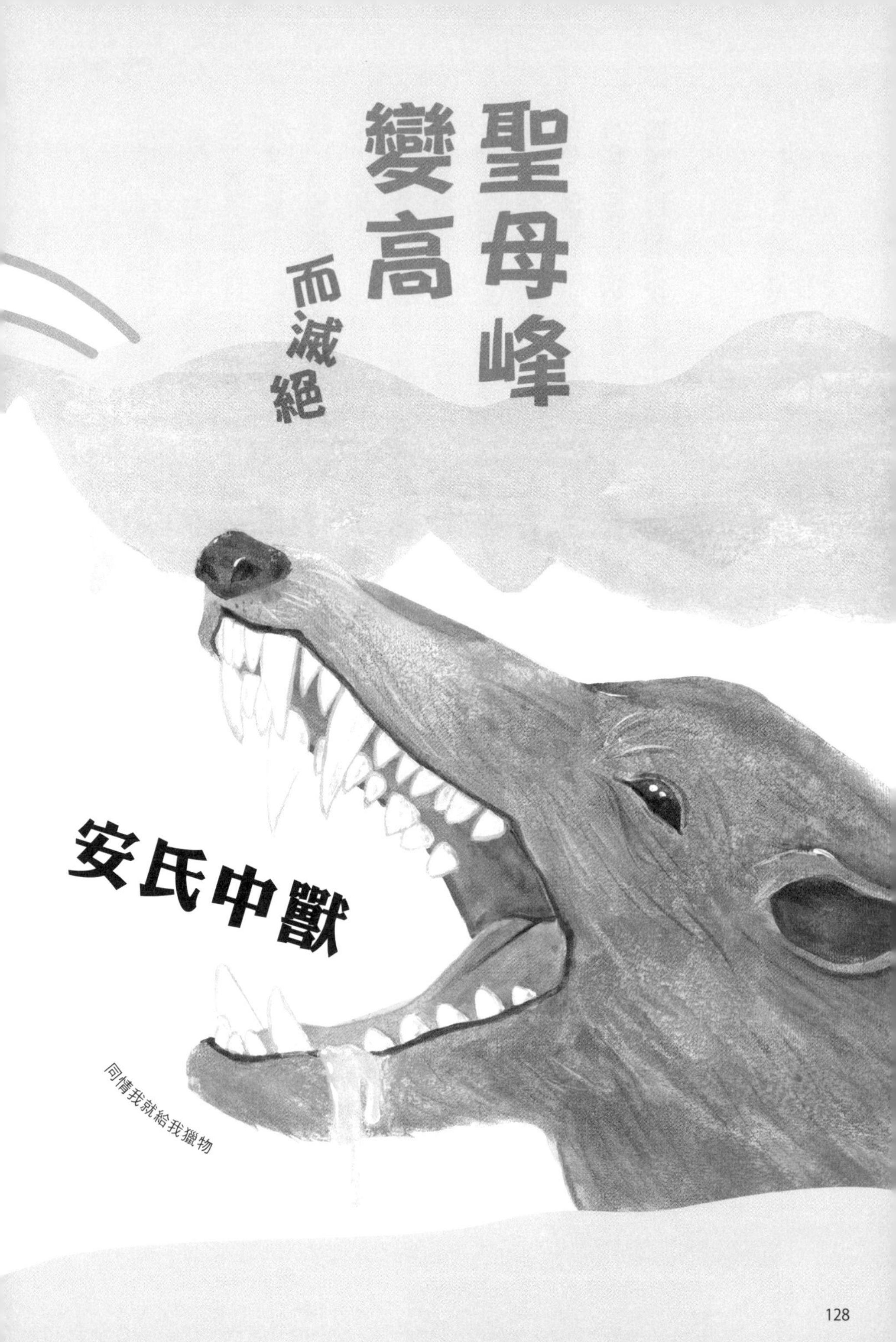
安氏中獸
同情我就給我獵物

哈——啾，噴嚏打個不停，可惡！**聖母峰有八千八百四十八公尺高耶。**太冷了，連鼻水也流出來了。

不過，在我們生活的時代裡，聖母峰並沒有這麼高喔。那個時代，我們都是在水邊吃烏龜、貝類或者動物屍體。

什麼？吃的東西很簡單？少在那邊胡扯了！體長四公尺、頭的長度八十五公分、陸地上最大的肉食獸，就是在說我們呢。**這就好像是熊的身體長著鱷魚頭一樣。**認輸了嗎？你這傢伙。

可是自從三千四百萬年前起，聖母峰就逐漸變高了。**正因為如此，我們棲息的地方變得好冷，獵物也都消失了，真是造成我們很大的麻煩哩。**

身體巨大，動作就無法靈敏，我們就這樣立地成佛了，笨蛋。

這樣做就好了
要是身體小一點，或許
能捕捉到其他動物了。

滅絕年代	古第三紀（始新世後期）
大小	體長4m
棲息地	蒙古
食物	動物的屍體等
分類	哺乳類

安氏中獸的化石雖然只找到頭骨，但是因為長度有85cm，被認為是陸地上最大的肉食獸。牠們似乎像鱷魚一樣生活在溫暖的水邊，但因印度板塊撞擊歐亞大陸，陸地隆起，形成了包括聖母峰在內的喜馬拉雅山。於是，牠們的棲息環境急遽變冷而且乾燥，或許因此而滅亡了吧。

	古生代						中生代			新生代		
前寒武紀	寒武紀	奧陶紀	志留紀	泥盆紀	石炭紀	二疊紀	三疊紀	侏羅紀	白堊紀	古第三紀	新第三紀	第四紀

沒法擺脫寒冷而滅絕

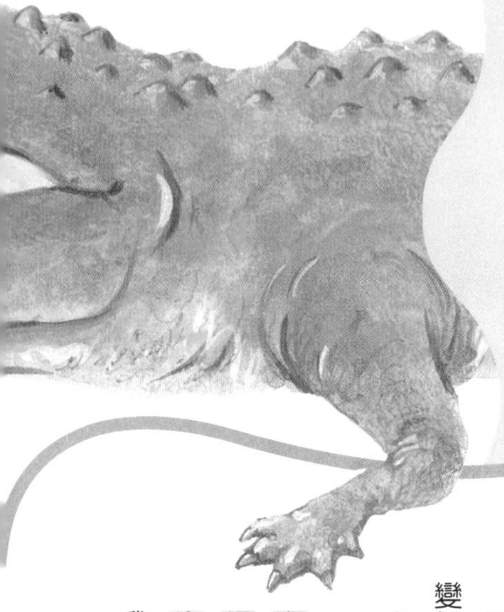

咦……就是現在，有魚從我眼前游過。**但因為好冷，身體沒辦法好好聽我使喚……**這件事實在出乎我的意外，真的。

不過至少當時覺得，口部變細長且容易在水裡抓魚是成功的……

弄錯棲息環境，或是**沒有深思熟慮就從南方遷移過來，可能是我犯下的最大錯誤。**

我……原本是在亞洲大陸的，但是在冰河時期，卻因陸地相連時迷路來到日本。由於寒冷的冰河時期海平面下降，日本和韓國、俄羅斯等變成陸地相連，於是沿著海岸就能走過來。

可是，**我太深入日本內陸了……**等我發現的時候，已經沒辦法回去亞洲大陸。

再加上寒冷讓我動作變遲緩，連我的魚類獵物都抓不到，最後就滅絕了，真的。

4
因為運氣不好，所以滅絕

待兼鱷

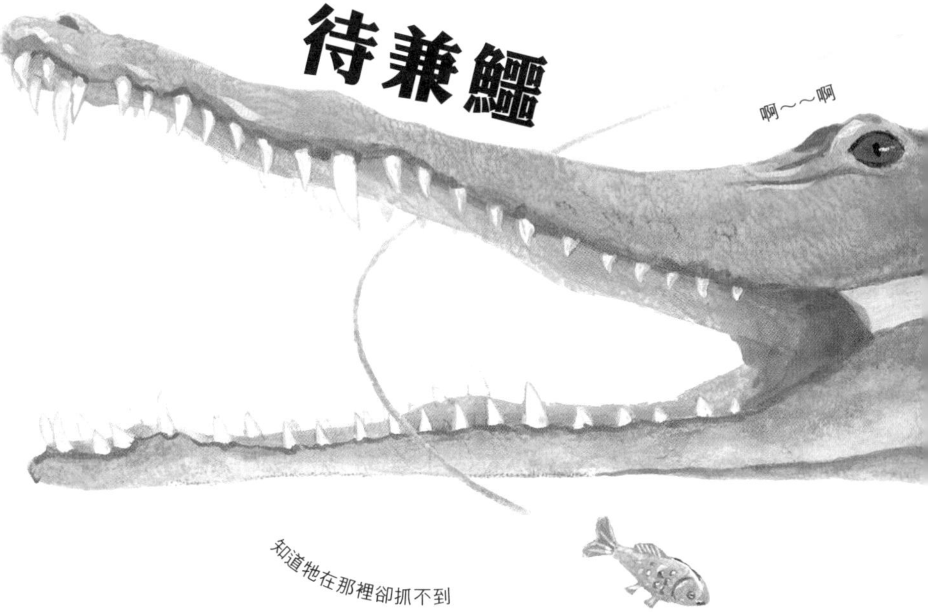
啊～～啊
知道牠在那裡卻抓不到

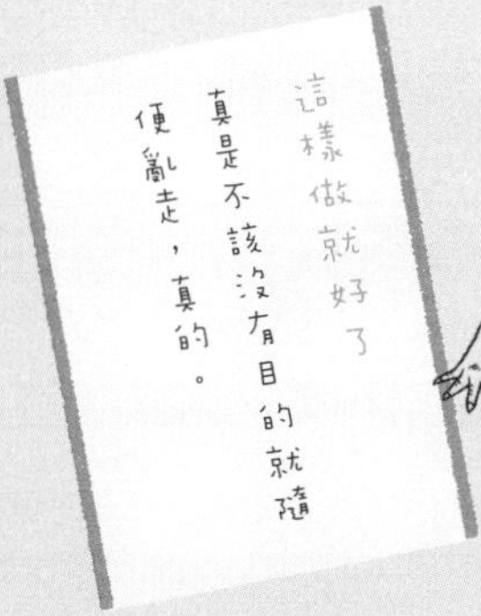
這樣做就好了
真是不該沒有目的就隨
便亂走，真的。

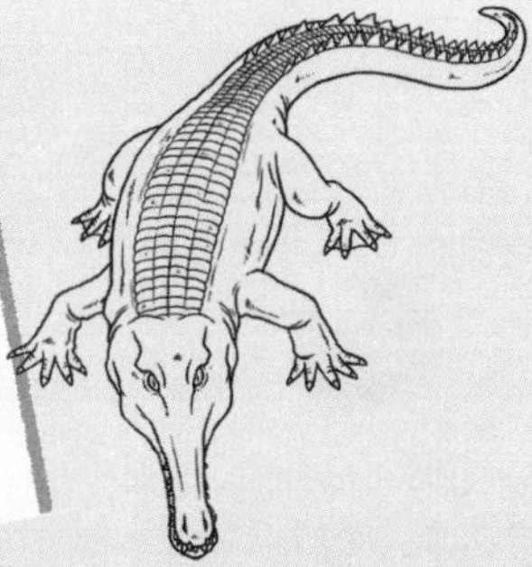

滅絕年代	第四紀（更新世中期）
大小	全長7m
棲息地	日本
食物	魚
分類	爬蟲類

這是在大阪的「待兼山」所發現的大型鱷魚化石。牠們比目前世上最大的河口鱷還大，似乎是藉由揮動細長的口部來捕捉魚類。在海平面下降的冰河時期曾到過日本，變暖時深入到日本各島的內陸。所以即使再度進入冰河時期也無法返回大陸，因寒冷使得動作變遲緩、沒辦法捕捉到魚就滅亡了。

	古生代						中生代			新生代		
前寒武紀	寒武紀	奧陶紀	志留紀	泥盆紀	石炭紀	二疊紀	三疊紀	侏羅紀	白堊紀	古第三紀	新第三紀	第四紀

水溫太高而滅絕

看

什麼看，你是來鬧的嗎？

什麼啊？不要看我小就瞧不起我！**我可是靠著這個身體活了三億年以上耶！**

就連造成地球上的生物幾乎全都滅亡的大滅絕，我也撐過了三次以上。

啥？**你現在擺出一副「第四次不也滅絕了嗎？」的表情吧？**

因為沒有下顎，總是張著嘴巴

那麼，你要不要試試在兩億年前的時代生活看看？**大陸分裂、到處都有岩漿爆發的時代**，你去生活看看啊？

那時氣溫猛烈升高，水溫也上升。除此之外，由於和岩漿一起噴發的瓦斯等氣體的關係，導致連水裡的氧氣都沒有了。

這樣還不滅絕，根本不可能吧。

真正不能原諒的就是火山那東西，這樣不是沒辦法呼吸了嗎？喂！

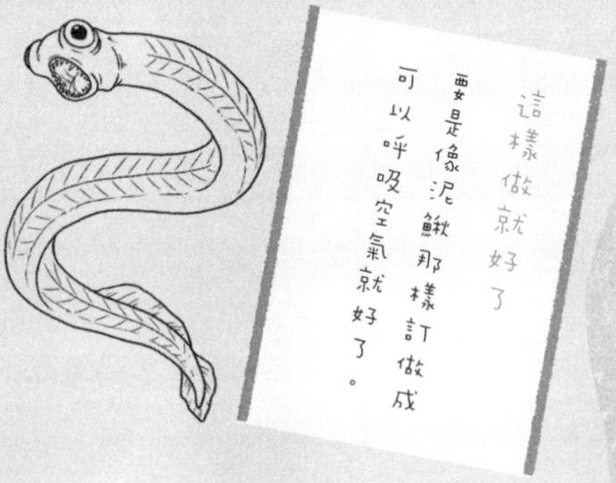
這樣做就好了
要是像泥鰍那樣訂做成
可以呼吸空氣就好了。

牙形石動物

滅絕年代	三疊紀末
大小	3～20cm
棲息地	世界各地的海洋
食物	浮游生物等
分類	無頜魚類

其實「牙形石」並不是動物的名字，而是「牙齒化石」的名字。牙形石是長度在1mm以下的極小化石，橫跨3億年的地層（從寒武紀到三疊紀）都找得到。可是這種化石究竟是屬於什麼動物，從19世紀被發現起，超過100年以上的時間都沒有找到解答。但到了1983年，總算挖掘到殘留著身體柔軟部分的化石，才知道牙形石的真面目是像細長泥鰍般的動物牙齒。

	古生代						中生代			新生代		
前寒武紀	寒武紀	奧陶紀	志留紀	泥盆紀	石炭紀	二疊紀	三疊紀	侏羅紀	白堊紀	古第三紀	新第三紀	第四紀

長毛象（真猛獁象）

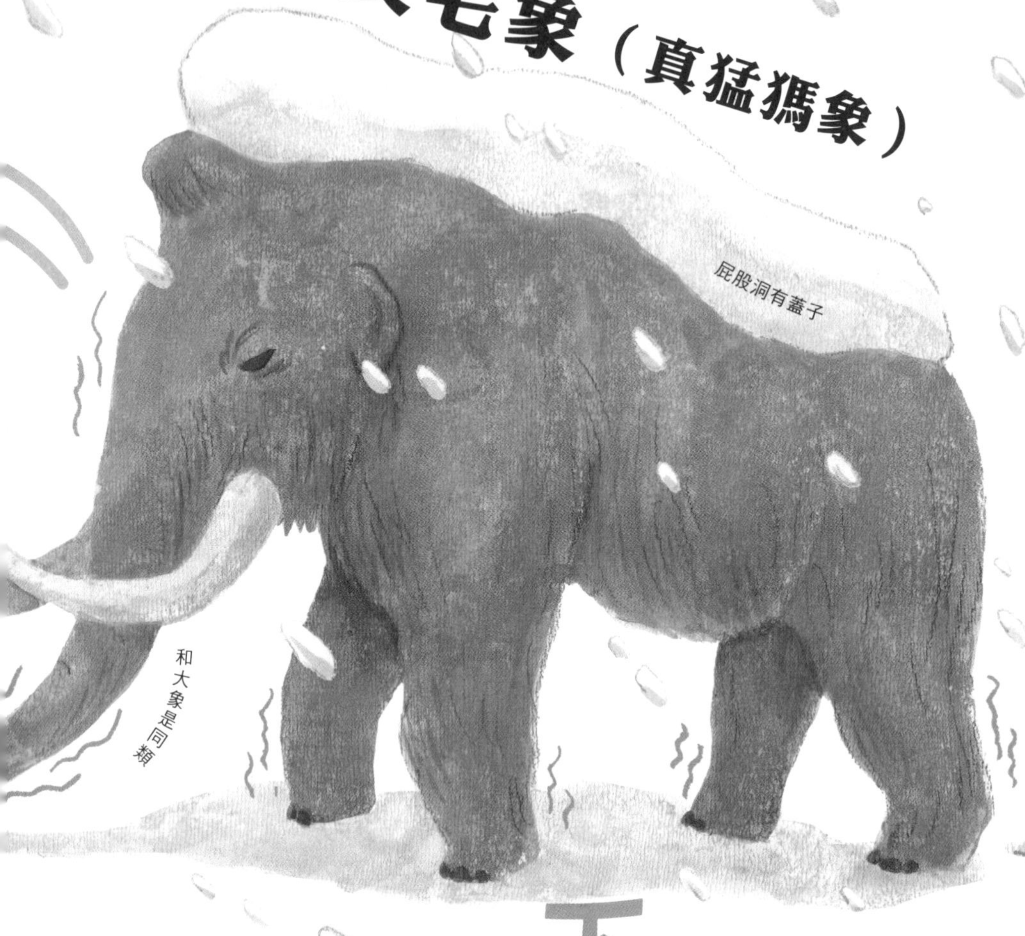
屁股洞有蓋子
和大象是同類

下太多雪而滅絕

片雪白啊……雪真是好厲害。

我們長毛象全身覆滿了長毛，很能抵禦寒冷。而為了不讓身體的熱散發到外面，**就連屁股的洞也有蓋子。**

可是隨著地球逐漸變暖，世界各地的冰也跟著一起融化了。

然後啊，地球溼度變高、開始形成大朵的雲，我們棲息的西伯利亞也開始降下非常大量的雪。

雪很冷倒是無所謂，問題在於草。

一年中將近一半的時間，地面上都覆滿了雪，我吃的草都長不出來了！

我的身體這麼大，草卻只有這麼一點點，根本就不夠吃啊。

這樣做就好了
如果把毛脫掉、往南方
移動就好了啊。

滅絕年代	第四紀（全新世）
大小	到肩部為止的高度為3.2m
棲息地	北美、俄羅斯
食物	草或樹葉
分類	哺乳類

這是最有名的猛獁象。雖然毛很長、看起來很大，但其實尺寸約和亞洲象差不多。牠們棲息在北極周邊的寒冷地區，由於冰河期很乾燥且不太下雪，所以會吃耐寒植物。不過冰河期結束後，隨著地球整體溫度升高、溼度變大，寒冷地區的雪也跟著變多。因此，植物變得不易生長，牠們就因為食物不足而滅亡了。

	古生代						中生代			新生代		
前寒武紀	寒武紀	奧陶紀	志留紀	泥盆紀	石炭紀	二疊紀	三疊紀	侏羅紀	白堊紀	古第三紀	新第三紀	第四紀

颶風侵襲而滅絕

喂，聽得見嗎？這裡是位於古巴的薩帕塔溼地，**大約在一小時前開始有大型颶風登陸！**

這是超級強烈颶風哪！在我旁邊，放眼所見都是紅樹林的樹，此刻一棵棵都被吹倒了！

欸，這裡也有我們三色金剛鸚鵡的巢。雖然我們原本住在島上各處，但人類逐漸把森林變成農地。於是僅剩的個體就到沿海的紅樹林裡避難了。

啊，現在又有一棵紅樹林的樹被風吹走了！**這已經是到目前為止的第四次颶風，樹林幾乎接近毀滅狀態！**

以上，是來自薩帕塔溼地的報導。

三色金剛鸚鵡

這樣做就好了
乾脆搬到其他島上住，
也許就沒事了。

滅絕年代	1885年
大小	全長50cm
棲息地	古巴
食物	樹木果實
分類	鳥類

金剛鸚鵡是在粗大樹幹上的樹洞裡產卵，所以如果森林裡沒有大樹，牠們就沒辦法生存了。人類砍伐古巴的森林，然後開拓成農地，以至於牠們的棲息地變狹窄，只能在無法開拓成農地的沿海紅樹林中生活。然而，就在接二連三的大型颶風襲擊之後，那些最後的棲息地也遭到破壞，讓牠們就此滅絕。

前寒武紀	古生代						中生代			新生代		
	寒武紀	奧陶紀	志留紀	泥盆紀	石炭紀	二疊紀	三疊紀	侏羅紀	白堊紀	古第三紀	新第三紀	第四紀

笑鴞

笑不停而滅絕

我是笑鴞。正如我的名字，叫聲聽起來就像在笑一樣是我的特色。

有一次，人類來到我們生活的紐西蘭。那時候的我，**總之就是在森林之中笑著過日子。**

人類為了享受狩獵的樂趣，把兔子放到野外去，但是那些傢伙的繁殖能力，遠遠超過人類的想像，牠們天真無邪地把農作物吃得精

過去曾是夜之王者

光。**我們對那些愚蠢的人類發出嘲笑聲。**

可是，人類也不會就這樣算了。這一次，他們把兔子的天敵黃鼠狼（鼬鼠）放到野外。

正如他們所期望的，黃鼠狼吃了兔子。**更過分的是，牠們吃了我們更多的同類。**也許是因為我們那引人注意的笑聲，讓我們的所在位置太容易被發現。

不過，假如我們從此不笑了，豈不是對不起我們的笑鴞之名嗎？我有了覺悟繼續笑，然後就滅亡了。

這樣做就好了
如果不笑而逃去別的地方，那就好了（笑）。

數量太多

笑鴞擁有如笑聲般的獨特鳴叫聲，牠們曾經是紐西蘭最大的貓頭鷹，在夜間的森林裡所向無敵。紐西蘭原本沒有蝙蝠以外的哺乳類動物，所以人類引進的兔子就大量繁殖。為了對付這些兔子而野放的黃鼠狼和白鼬，除了獵捕笑鴞的獵物如鳥和蜥蜴，牠們連笑鴞也一併捕食，在不到100年的時間內就讓牠們滅絕了。

- 滅絕年代：1914年
- 大小：全長40cm
- 棲息地：紐西蘭
- 食物：鳥或蜥蜴
- 分類：鳥類

前寒武紀	古生代						中生代			新生代		
	寒武紀	奧陶紀	志留紀	泥盆紀	石炭紀	二疊紀	三疊紀	侏羅紀	白堊紀	古第三紀	新第三紀	第四紀

被魚盯上而滅絕

三葉蟲

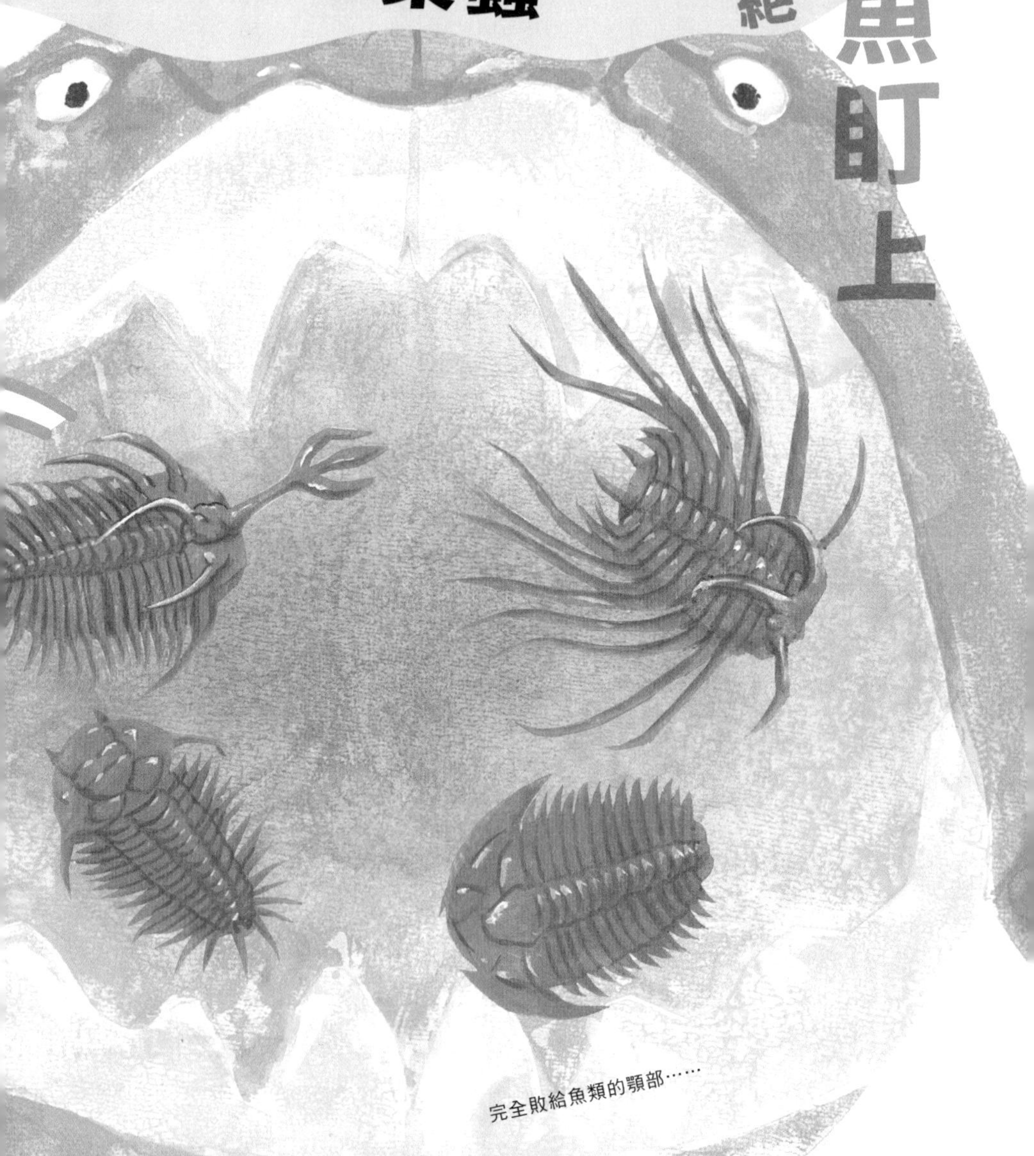

戰鬥！

三葉蟲戰隊

第一篇：三葉蟲戰隊登場

A：我是怪盾蟲，有大型的身體和鐵壁般的防護，是三葉蟲的英雄！

B：我們是鐮蟲，是從水過濾食物的工匠！

C：俺是櫛蟲，把長眼睛從沙裡伸出來窺視周圍的忍者！

D：在下是手尾蟲，用刺對付敵人的復仇者！

A：我們達成各種各樣的演化，撐過兩次大滅絕的危機……，我們是三葉蟲戰隊！（……決定了！）

B：隊長！

A：怎麼了？

C：我們被魚盯上了！

A：這樣喔……，我們要完蛋了！

BCD：什麼!?

A：我們贏不了魚類啊！那是三葉蟲的極限！各位，來世再見吧！

BCD：隊長，啊啊啊！

這樣做就好了
不論怎麼做都會被魚吃
掉的就是我們。

滅絕年代	二疊紀末
大小	體長1～60cm
棲息地	世界各地的海洋
食物	動物屍體等
分類	三葉蟲類

在寒武紀出現的三葉蟲類，在更早時期就因為得到「眼睛」和「堅硬身體」而相當繁盛。但是到了泥盆紀演化出魚類，牠們毫不在意三葉蟲的堅硬身體就吃下去。結果，三葉蟲的種數在石炭紀時驟減，僅存的少數種類也在二疊紀末的大滅絕時滅亡了。

前寒武紀	古生代						中生代			新生代		
	寒武紀	奧陶紀	志留紀	泥盆紀	石炭紀	二疊紀	三疊紀	侏羅紀	白堊紀	古第三紀	新第二紀	第四紀

重腳獸

被留在沙漠而滅絕

哎呀，好想回到那個只是吃草過日子的時代喔。

喏，你看，我的兩支角非常大，對吧？**但其實裡面空空如也。**內部怎麼樣都好，總之就是要大。當時我們是這麼想的。

一切都是為了要受到雌性的歡迎。揮動這些角，和其他雄性戰鬥的每一天，我相信那才是正確的。

但這並不是該做那種事的時候。當我們熱中戰鬥時，氣候逐漸變乾燥。水邊愈來愈窄，相對的，沙漠卻變得愈來愈廣闊。

就在我們注意到的時候，已經被留在沙漠正中央了。

沒辦法吃嫩葉這件事讓我心裡感到很空虛，肚子更是空空的。沒錯，簡直就和我的角一樣。

啊啊，為什麼真正重要的東西總是在失去之後才注意到呢？

這樣做就好了
如果棲息範圍更廣，
或許不會被留在那裡了。

滅絕年代	古第三紀（漸新世前期）
大小	到肩部為止的高度為1.8m
棲息地	北非、阿拉伯半島
食物	嫩葉
分類	哺乳類

重腳獸原本棲息在埃及周邊的溼地或紅樹林，但隨著氣候改變、持續乾燥，漸漸形成了沙漠。再加上這個時期，紅海流入非洲和阿拉伯半島之間，使得棲息地被切割開來。結果，被留在沙漠的重腳獸沒辦法吃到足夠的水生植物，以維持牠們的大型身軀，因而滅絕。

前寒武紀	古生代						中生代			新生代		
	寒武紀	奧陶紀	志留紀	泥盆紀	石炭紀	二疊紀	三疊紀	侏羅紀	白堊紀	**古第三紀**	新第三紀	第四紀

成為名菜食材而滅絕

關島狐蝠

關島狐蝠出現了！

逃走

▶吃掉

關島狐蝠▼正感到痛苦中。

「咕嗚……▼難道我▼命該絕嗎……我居然▼遭到區區人類▼滅亡了，真是……！」

關島狐蝠▼因為憤怒而顫抖著。

「我們只是▼在這個小島上▼一邊吃水果▼一邊和平地生活著。七十年前▼是你們突然來這裡▼把小島開發改建▼成為度假勝地！」

關島狐蝠▼露出非常悲傷的表情。

「從那時候起▼許多人類來此▼擅自把我們▼當成當地名菜的食材▼將我們吃個精光。這種怨恨▼我死也不會忘記……！」

關島狐蝠▼被粉碎了。

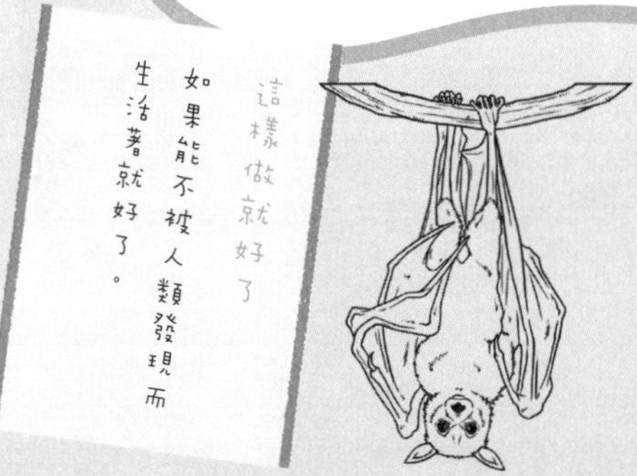
這樣做就好了
如果能不被人類發現而
生活著就好了。

滅絕年代	1968年
大小	體長15cm
棲息地	關島
食物	果實
分類	哺乳類

由於狐蝠的體型算是相當大，吃起來肉還不少，加上以果實為主食，牠們的肉吃起來並不腥臭，所以在熱帶是滿普遍的食材。牠們在關島，自古以來成了當地查莫羅人（Chamorro）的食物來源。可是關島非常小，原本狐蝠的數量只有幾千隻，為了捕捉給觀光客吃，短短20年左右就滅絕了。

	古生代						中生代			新生代		
前寒武紀	寒武紀	奧陶紀	志留紀	泥盆紀	石炭紀	二疊紀	三疊紀	侏羅紀	白堊紀	古第三紀	新第三紀	第四紀

劍龍

開花植物太硬而滅絕

一旦認真起來，連肉食恐龍都刺下去

花圃充滿死亡的香氣……

只要是少年，應該沒有人不認識我，因為我可是植食恐龍界的偶像呢。

我的背上有堅硬的骨板，粗尾巴上長了許多刺。雖然是草食，卻連肉食恐龍都能打敗。我很清楚就是因為這樣的反差，緊緊抓住了少年的心喔。

可是啊，我也是動物，就算是偶像也會有祕密的，聽了之後不要吃驚喔。**明明我的身體這麼碩大，咬合力卻非常差，**大概就像七十歲人類的力量。

所以當植物開花的時候，老實說我都呆了，開得這麼美麗卻硬到沒辦法吃。**我能吃的，就只有很軟的蕨類植物而已。**

雖然如此，地球上的植物漸漸地變成都會開花，於是我的生命也虛無飄渺地飛散而去了。

這樣做就好了
如果能吃更硬的東西，
是不是比較好呢？

滅絕年代	侏羅紀後期
大小	全長9m
棲息地	北美、歐亞大陸
食物	蕨類植物或裸子植物
分類	爬蟲類

縱使劍龍有著巨大的身體，咬合力卻非常薄弱。頭很小是其中一個理由，總之牠們應該只吃柔軟的植物。在侏羅紀後期，會開花的「種子植物」開始出現，並且急速增加。由於新出現的種子植物很硬，使得劍龍無法咬斷，這或許也是牠們在此時期滅亡的主要原因之一。

	古生代						中生代			新生代		
前寒武紀	寒武紀	奧陶紀	志留紀	泥盆紀	石炭紀	二疊紀	三疊紀	侏羅紀	白堊紀	古第三紀	新第三紀	第四紀

五大回憶

休息一下④ 大滅絕之歌

歌：鄧氏魚
合音：奇異日本菊石
作詞：東野馬那
作曲：海崎忠良

♪
聽我說　和你的記憶
從四億五千萬年前起
已經反覆發生了五次
幾乎所有生物都滅亡了
大滅絕　大滅絕　大滅絕　大滅絕　大滅絕
你的名字是「五大滅絕」Big Five
總是讓我很苦惱
奧陶紀　變得超級無敵冷啊
泥盆紀　海裡氧氣沒了吧
二疊紀　噴出好多岩漿團塊
到這裡應該沒有新戲碼了
我真的這樣想　可是
三疊紀噴火變得超熱
白堊紀　萬萬沒想到巨大隕石撞擊
「總是帶來滅亡真抱歉」
這是真心話嗎？
真的不要再來了　我們是這樣想
除此之外不想再增加　大滅絕的回憶

5

好像會滅絕，可是沒發生

啊，好像要滅絕了……？
雖然這麼想，
有時卻在千鈞一髮之際得救。

我還活著～～

鴨嘴獸

潛進水中而得救

雖是哺乳類，但會產卵

其實我沒有在隱瞞什麼……我的身體有一點點不一樣。

那個……**大小便和卵都是從同一個洞排出來的**。還有，我也不擅長調節體溫。

雖然和人類同樣是哺乳類，但我剛剛說的那些行為都是爬蟲類的特徵。而且，我也住在水裡。

欸，自我介紹真的和鱷魚完全一樣呢～～

啊，不過我**游泳的時候會把眼睛閉得緊緊的**，是不是很可愛呢？絕對比鱷魚可愛的啦！

而且啊，這種身體也不是只有壞處而已。多虧了在水中生活，我就不用和其他動物爭奪食物或棲息地。**陸地上的競爭對手太多，我的同類幾乎都滅絕了。**真的，還好我待在水裡～～

話說回來，**我以這種奇怪的身體存活了數千萬年，**運氣真是相當好呢。

還好這樣做了
在很早的階段
就到水裡生活，
真是不錯。

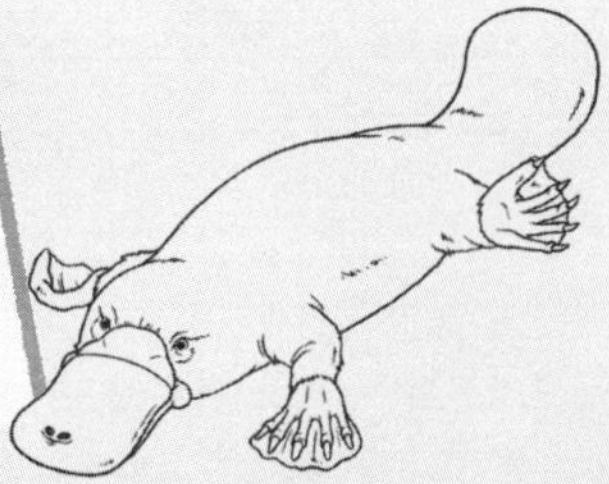

大小	體長40cm
棲息地	澳洲
食物	水生昆蟲或甲殼類
分類	哺乳類

鴨嘴獸是稱為「單孔類」的早期哺乳類分支。由於以袋鼠為首的有袋類奪走了單孔類的食物或棲息地，因此大多數都已經滅絕了。在這種狀況下，鴨嘴獸能存活下來，或許是因為演化成能在水中生活的關係吧。身為競爭對手的有袋類之所以沒有到水中生活，是因為水若流進袋子裡，寶寶可能會死掉。

	古生代						中生代			新生代		
前寒武紀	寒武紀	奧陶紀	志留紀	泥盆紀	石炭紀	二疊紀	三疊紀	侏羅紀	白堊紀	古第三紀	新第三紀	第四紀

爬到山上而得救

岩雷鳥

♥不行，我跑不動了……

♠不可以，快站起來！留在這裡會死掉的。

♥不行啦，太陽已經爬得那麼高了。你先走吧……

♠我怎麼可能把你留在這裡呢？

♥我們究竟是為了什麼來到日本啊……

♠那個時候還是冰河時期，日本也很寒冷，所以沒辦法啊……

♥沒想到冰河時期結束後會變得這麼熱！

我問你喔，其他同類怎麼樣了？

♠早就回俄羅斯了。在這裡的只有我們而已，混帳！

♥啊啊，要完蛋了！

♠聽好，怕熱的我們要存活只有一條路，就是往積雪山脈的上方GOGOGO！

♥沒想到你還真是個熱血男子啊……

♠呵呵，可別因為我的熱而死喔，寶貝。

♥這就不用了。

還好這樣做了
雖然被留在日本，但是搬到寒冷的高山就安全了！

大小	全長37cm
棲息地	日本的本州
食物	植物嫩芽或種子
分類	鳥類

岩雷鳥原是生活在俄羅斯或加拿大等寒冷氣候的鳥類。但為什麼像日本這種氣候溫暖的地方也會有牠們的蹤跡？那是因為牠們在地球還很寒冷的冰河時期就移動過來了。冰河期結束後，牠們返回北方，有的因為太熱而死亡，只有一部分因為逃到低溫海拔2000m的高山，成為岩雷鳥的亞種「日本岩雷鳥」（*Lagopus muta japonica*）而存活下來。

	古生代						中生代			新生代		
前寒武紀	寒武紀	奧陶紀	志留紀	泥盆紀	石炭紀	二疊紀	三疊紀	侏羅紀	白堊紀	古第三紀	新第三紀	第四紀

躲進森林
而得救

侏儒河馬

休

假日嗎？不知道可不可以這麼說……**其實我是標準的繭居族喔！**真的，一步也離不開森林。欸，日常工作也只有在森林裡走來走去，到處尋找樹木的果實或者草、落葉、樹根而已，總歸就是沒有出去外面。

你問我理由嗎？嗯，這個嘛，因為包括我在內的**河馬譜系，大家的皮膚都超級敏感**，是那種長時間照射到日光就會曬傷的程度。

所以，棲息在莽原的河馬白天時會靜靜待在水裡，而我棲息的森林剛好有濃重的溼氣，**就像用天然噴霧讓肌膚保溼那樣！**

因此，即使沒有河川，只要待在這個森林裡就能活下去喔！

再加上我很瘦，可以走得比河馬快。啊，這句話請不要發表（笑）。

還好這樣做了
不隨便改變棲息場所，
真是太好了♪

大小	到肩部的高度為85cm
棲息地	西非
食物	草或樹木果實
分類	哺乳類

當地球氣溫下降、氣候變乾燥，森林就逐漸減少，在非洲則是莽原和沙漠的面積逐漸擴大。因為如此，以樹葉為食的大多數哺乳類便離開森林，只有侏儒河馬仍留在狹窄的森林裡。結果，雖然現在的分布地區僅限西非的一部分森林，卻也持續過著和祖先差不多的生活。

	古生代						中生代			新生代		
前寒武紀	寒武紀	奧陶紀	志留紀	泥盆紀	石炭紀	二疊紀	三疊紀	侏羅紀	白堊紀	古第三紀	新第三紀	第四紀

默默長壽而得救

啊，我的事情不重要啦，聽大家的話比較有趣。

不……，我真的是很無聊的傢伙，不是謙虛啦。我的食量很小、成長速度很慢，又沒有什麼武器……。

勉強要說的話，唯一可以引以為傲的就是我非常不怕冷，而且**壽命可以超過一百年以上**，我總覺得，要是能

8歲
啊，是喙頭蜥！

100年後

喙頭蜥

有些讓人更加熱血沸騰的什麼事就好了。

存活下來應該只是碰巧吧……。

雖然一直是在很小的無人島上生活，不過人類並沒有帶來狗或老鼠之類的，算我運氣好。

只要老鼠一來，馬上就完蛋了喔，**因為我們每四年才會產卵一次**。如果卵被吃掉的話，一下子就會滅亡了。

唉……像我這樣居然存活下來，真是抱歉啊。

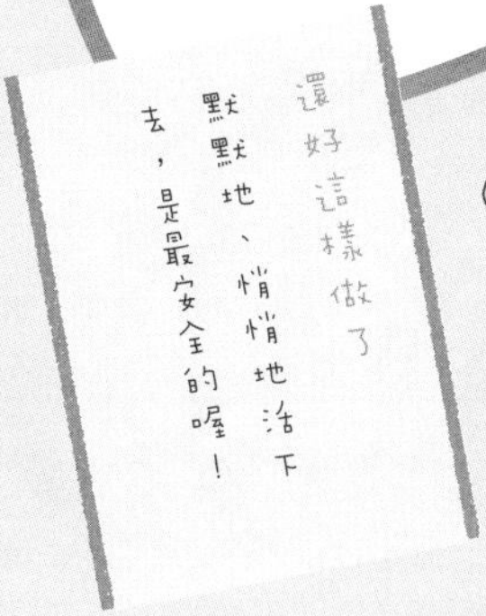
還好這樣做了
默默地、悄悄地活下去，是最安全的喔！

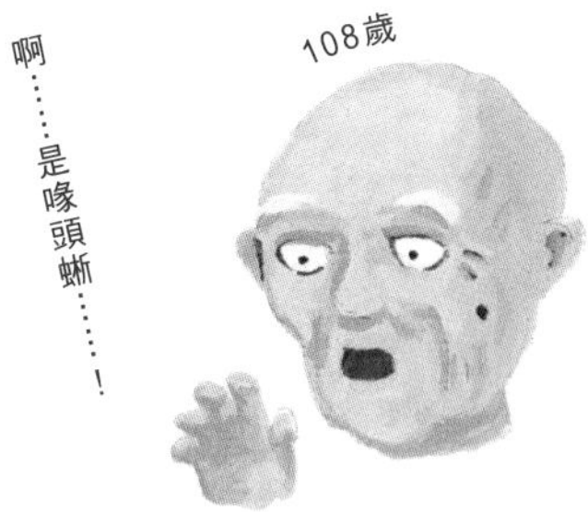
108歲
啊……是喙頭蜥……！

大小	全長60cm
棲息地	紐西蘭
食物	昆蟲或蜥蜴
分類	爬蟲類

這是外表看起來像蜥蜴、卻被分類在與其他爬蟲類完全不同的「喙頭蜥」類。雖然從前廣泛分布於紐西蘭各地，現在只有在30座島嶼上才找得到，這些全都是無人島，似乎因為沒有人類或家畜進入而殘留下來。由於食量小、壽命可以到100年以上，只要沒有天敵，應該就可能默默地活很久吧。

＊存活年代包括整個喙頭蜥目

	古生代						中生代			新生代		
前寒武紀	寒武紀	奧陶紀	志留紀	泥盆紀	石炭紀	二疊紀	三疊紀	侏羅紀	白堊紀	古第三紀	新第三紀	第四紀

懶得努力而得救

魚類真是精神飽滿……

在淺海中放棄競爭

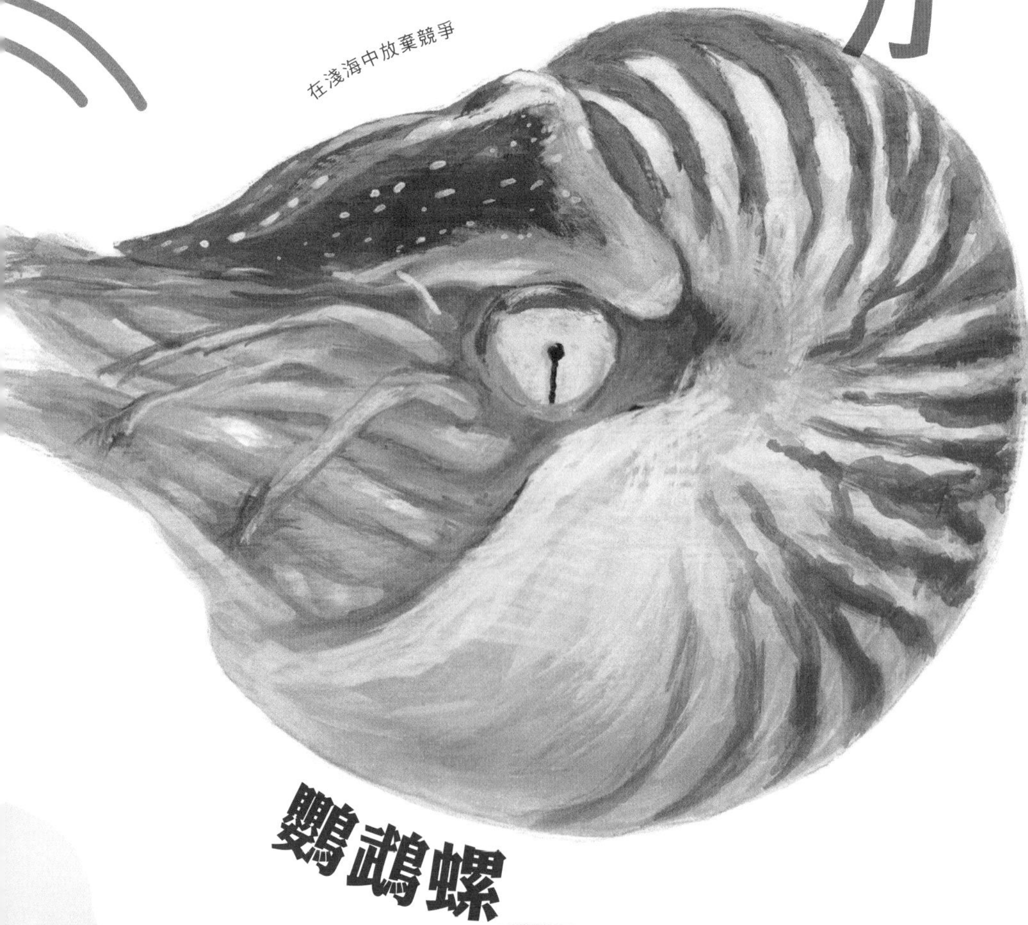

鸚鵡螺

啊

哈~~真沒力。游泳好麻煩。游泳完全不是我的強項。**因為我前進的秒速只有五公分，**要跑小學操場一圈，大概要花上一小時左右。

哎呀~~吃東西也是超麻煩的。上一次吃東西是什麼時候呢？五天前……？

這樣的話，還可以撐兩天吧。**只要每星期吃一次死魚，我就能活下去了。**

我已經懶得和別人爭了。

雖然很久很久以前住在淺海裡，可是競爭對手多到煩死了。**而且我的動作緩慢，獵物通通被搶走了。**

無論如何，「我先我先」那種型的傢伙，我真的覺得很討厭。

當我在較深海裡靜悄悄生活的時候，**突然有隕石掉下來，讓恐龍啊什麼的都死光了。**生活在淺海的傢伙好像也都全軍覆沒。

呵，那和我完全沒關係，隨便怎麼都行啦。

還好這樣做了
為了活得長命，
就是不要過度努力才好。

大小	殼長20cm
棲息地	南太平洋
食物	甲殼類、動物的屍體
分類	頭足類

鸚鵡螺是超過5億年前的寒武紀所出現的動物類群之殘存者。牠們原本似乎棲息於淺海，由於運動能力不若同為頭足類的菊石或烏賊那麼高，所以逐漸被趕往食物少的較深海裡。但這是它們幸運的地方。在白堊紀末期的大滅絕，淺海受到重大打擊，但對深海的影響不大。

＊存活年代包括整個鸚鵡螺亞綱

前寒武紀	古生代						中生代			新生代		
	寒武紀	奧陶紀	志留紀	泥盆紀	石炭紀	二疊紀	三疊紀	侏羅紀	白堊紀	古第三紀	新第三紀	第四紀

靠漂流木渡海而得救

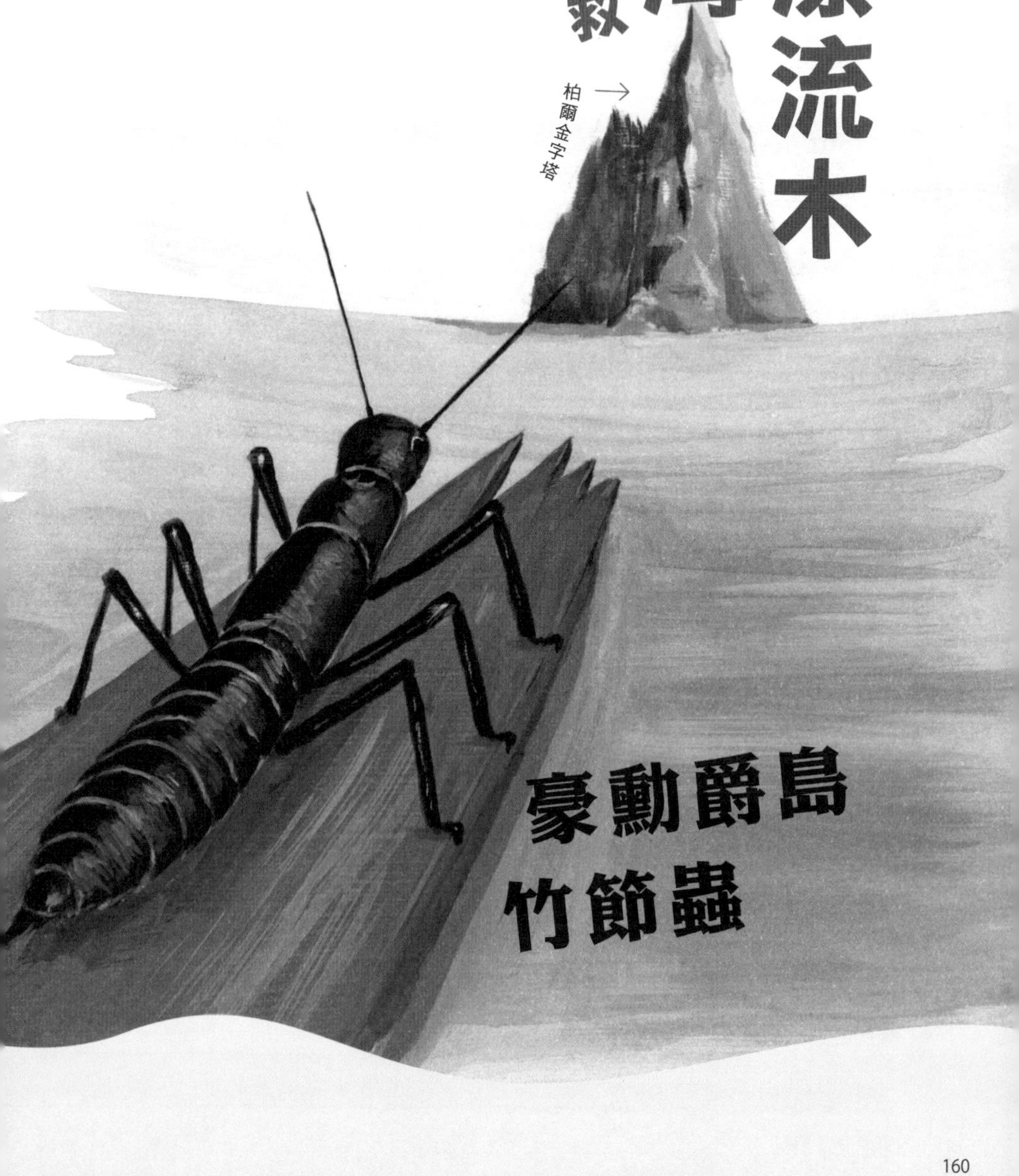

豪勳爵島竹節蟲

豪勳爵島竹節蟲的冒險⚓

第一章　拚了命的大脫逃！

那天夜裡，我緊抓著不太可靠的漂流木往汪洋大海而去。目的地不明。真的是拚了命的大逃脫……！

離開我住慣的豪勳爵島，讓我非常難過。但既然人類到了島上，繼續待著就很危險。人類稱我們為「陸地螯蝦」，拿我們當做釣魚用的餌。好吧，放過這點好了，問題在於黑鼠。牠們和人類一起來，只要看到我們就吃掉。因為如此，把我們逼到瀕臨絕種的邊緣……！

隔天早上，我睜開眼睛的時候，發現自己漂到一個無人島上，那裡聳立著金字塔般的懸崖。雖然植物非常稀少，總算勉強夠吃。

我做了決定。

「……好吧，再一次在這裡重新來過！」

下回「第二章　攀岩者來了」

還好這樣做了
瀕臨滅絕之前就從島上
脫逃，真是太幸運了。

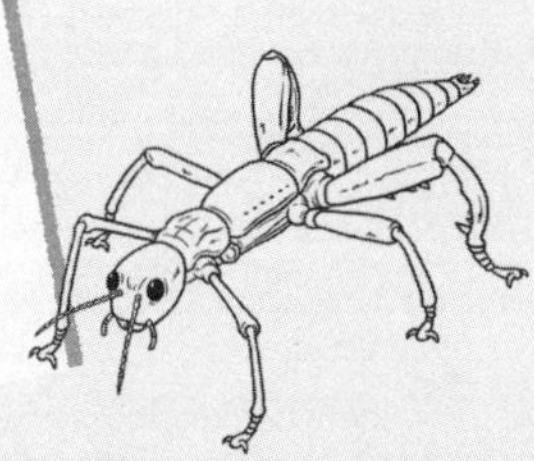

大小	體長15cm
棲息地	柏爾金字塔島
食物	樹葉
分類	昆蟲類

豪勳爵島竹節蟲原本棲息於澳洲的豪勳爵島，因為黑鼠入侵，在1920年時滅絕。但到了1960年代，距離豪勳爵島16公里的柏爾金字塔島上再度發現牠們。這是高度562m的岩石山，只有低矮植物像是貼在岩石上生長著，不過就在攀岩者撿拾到屍體後進行調查，進而確認了牠們的存在。

	古生代					中生代			新生代		
前寒武紀	寒武紀	奧陶紀	志留紀	泥盆紀	石炭紀	二疊紀	三疊紀	侏羅紀	白堊紀	古第三紀	新第三紀	第四紀

迷路到深海而得救

深處……往深處潛下去……

浦島太郎狀態

腔棘魚

孤零零的腔棘魚

著：志伊良勘助

從前從前，在某個地方有一種魚叫做腔棘魚，牠有一點獨特。

有一次，腔棘魚不聽同伴的勸阻，潛到深度幾百公尺的深海中讓大家瞧瞧。腔棘魚驕傲地說：「沒有人跟得上我！」

真的沒有人跟牠去。在那之後，腔棘魚就沒有回到淺海，只待在深海，靠著捕食魚或烏賊過日子。

不久後的某一天，腔棘魚被漁船的網子撈到，抓到水面上。牠看到陸地上的情景大吃一驚。

因為竟然連一隻恐龍也沒有，一種叫做人類的動物以一副旁若無人的樣子在那裡生活著。

牠後來才知道，六千六百萬年前曾有隕石掉落在地球上，生活在淺海的同伴們全都死光了。

好這樣做了
剛好碰巧在深海裡才存
活下來……

大小	全長1.5m
棲息地	非洲東岸
食物	魚或烏賊
分類	硬骨魚類

腔棘魚類在古生代的石炭紀時十分繁盛，但一般認為牠們在中生代的白堊紀末期就滅亡了。然而1938年時卻發現活生生的腔棘魚，牠們是碰巧生活在深海族群的子孫，沒有受到陸地或淺海大滅絕的影響，牠們的外觀承襲了3億5000萬年前的某位老祖先，少有改變，就這樣演化至今。附帶一提，腔棘魚和肺魚（參第168頁）都屬於「肉鰭類」。

＊存活年代是整個腔棘魚亞綱

	古生代						中生代			新生代		
前寒武紀	寒武紀	奧陶紀	志留紀	泥盆紀	石炭紀	二疊紀	三疊紀	侏羅紀	白堊紀	古第三紀	新第三紀	第四紀

演化速度太慢而得救

孩子們，你們都在背上抓緊了沒有？我們要趕快回去巢裡了喔！

有什麼事嗎？我很忙碌的耶。我哪裡知道讓自己存活的祕訣啊！我呀，光是為了不讓孩子們餓肚子，每天都忙得很。

為了要活下去，果實、蟲子、青蛙、被車子輾死的動物屍體，什麼都吃！

居住的地方也不挑剔喔！不是只有在原本棲息的南美洲而已，現在就連加拿大也

無論如何，傳言揹了太多小孩

負鼠

會去住。

我們會在地面行走，也會爬樹，連水都不怕喔！**要是沒有這樣的行動力，很快就會死了啦！**

話說回來，現在的年輕人到底是怎樣？一下子說氣候改變，一下子又說食物不合口味，一天到晚都在抱怨。要是這樣就會輸給老鼠，馬上就滅絕了喔！

別再繼續碎唸什麼演化啊專一性什麼的，學我這樣什麼都做啦！

還好這樣做了
因為沒有特化出什麼，
所以不論什麼環境都能
順利過下去。

大小	體長13～55cm
棲息地	北美、南美
食物	動物屍體或果實等
分類	哺乳類

負鼠的同類是有袋類中未對特定環境做出適應的原始性動物。雖然沒有特別擅長的環境，卻也能在各種各樣的環境中勉強生活。大多數的南美洲有袋類都因為北美的新型哺乳類（真獸類）而滅亡了，反而只有北美負鼠是進出北美洲的唯一有袋類，現在經常可在美國住宅區看到牠們翻撿垃圾的樣子。

	古生代					中生代			新生代		
前寒武紀	寒武紀	奧陶紀	志留紀	泥盆紀	石炭紀	二疊紀	三疊紀	侏羅紀	白堊紀	古第三紀	新第三紀	第四紀

國鱒

運氣超強的傢伙

不知不覺到其他地方而得救

呵

呵，「怎麼會有那種蠢事……」你滿臉都是這種表情呢。

唉，你們會驚訝也是無可厚非啦。我們原本住在田澤湖裡，**七十年前確實是全部滅亡了。**沒錯……都是因為你們人類為了要水力發電，而把河川的水引進湖裡！這不僅造成水質改變，我的同伴也都痛苦地死掉了。

可是啊……大概在那事件的十年前，有人暗中進行某項實驗，**也就是「國鱒的卵在其他湖中也能生長嗎？」的實驗。**

大家都認為那個實驗以失敗告終……可是想不到啊，我們那些**被搬到其他湖裡的卵竟開始繁衍子孫，就這樣悄悄地存活下來了。**如何，超強的吧！

呵呵呵……你們已經沒辦法再對我們出手了。因為**現在的我們是「瀕危物種」！**

那麼，你們就盡全力來保護吧!!

還好這樣做了
讓生物全數滅亡
或進行保護，
人類真是任性啊。

大小	全長35cm
棲息地	日本的西湖
食物	日本的西湖
分類	硬骨魚類

國鱒原本是只棲息在日本秋田縣田澤湖裡的原生種，因為建蓋了水力發電廠而使得水質改變，於是1948年就滅絕了。可是在1930年代，似乎有人曾把受精卵送去其他縣的設施裡。雖然事情的來龍去脈並不清楚，不過，在山梨縣的西湖確認了牠們的殘存個體。發現者是魚類學家的魚君，據說他是為了想要畫國鱒的畫而訂購一批近緣種的紅鉤吻鮭（*Oncorhynchus nerka*），卻發現其中混雜了國鱒。

	古生代						中生代			新生代		
前寒武紀	寒武紀	奧陶紀	志留紀	泥盆紀	石炭紀	二疊紀	三疊紀	侏羅紀	白堊紀	古第三紀	新第三紀	第四紀

躲在繭中而得救

肺魚

大家好，今天要介紹關於「製作繭的方法」。因為時間的關係，我們馬上開始吧。

首先是❶「鑽進土裡」。

由於這附近一到乾季就會乾涸沒水，所以在那之前就得鑽進土裡。**弄錯時機就會死掉，請注意。**

其次呢，是❷「身體捲成一團」。

這個時候啊，**把頭朝向上**

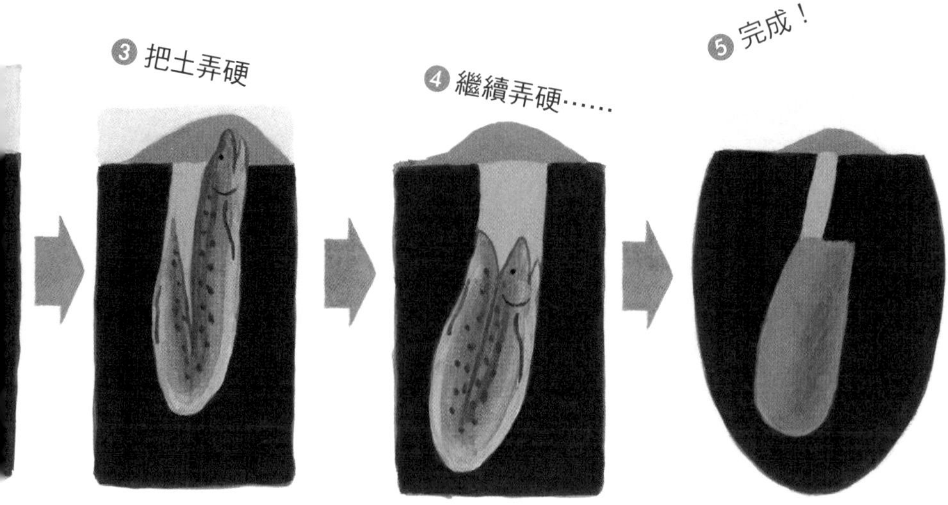

❸ 把土弄硬
❹ 繼續弄硬……
❺ 完成！

How to 窩在繭中

方是製作美麗繭的祕訣。

接下來是❸「以身體黏液把泥土弄硬」。

聽好了，**是要釋出黏答答的液體，把身體周圍的土弄硬喔！**

是的，這樣繭就完成了，可以防止身體乾燥。接下來只要邊睡邊等雨季到來。

最後啊，**有時候會因為農夫翻土而被挖起來，也請多加注意。**

還好這樣做了，用泥土面膜保持皮膚的溼潤，真是太好了。

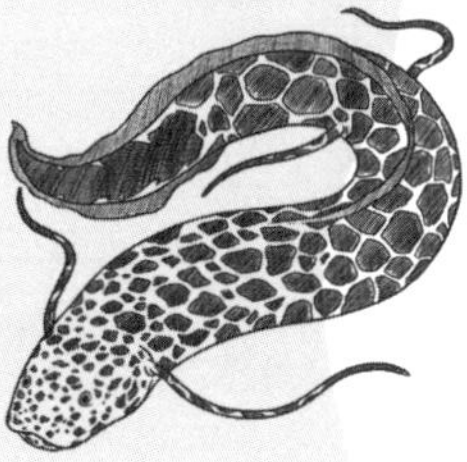

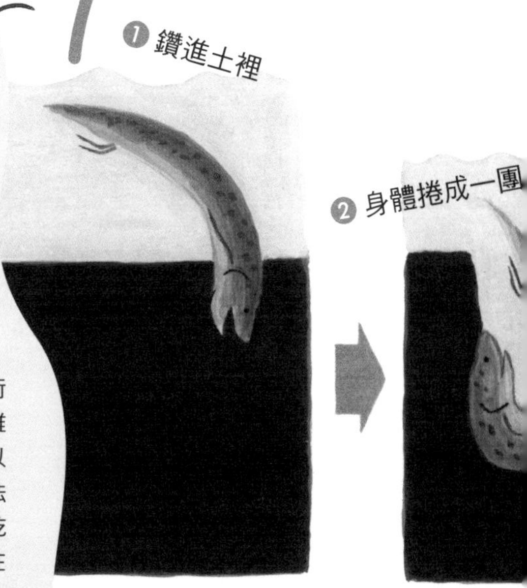
❶ 鑽進土裡
❷ 身體捲成一團

大小	全長60～200cm
棲息地	非洲、南美、澳洲
食物	小魚、蝦、貝等
分類	硬骨魚類

一如其名，肺魚是有肺的魚類，牠們是衍生出兩生類的「肉鰭類」之殘存後代。雖然肉鰭類幾乎滅絕了，但由於肺魚具有以肺呼吸的能力，所以能在一般魚類所無法生活的地方存活，像是乾季時水變少或乾涸的河川。特別是非洲肺魚還演化成能在地裡面製作繭，以防止皮膚乾燥。

＊存活年代是整個肺魚類

	古生代						中生代			新生代		
前寒武紀	寒武紀	奧陶紀	志留紀	泥盆紀	石炭紀	二疊紀	三疊紀	侏羅紀	白堊紀	古第三紀	新第三紀	第四紀

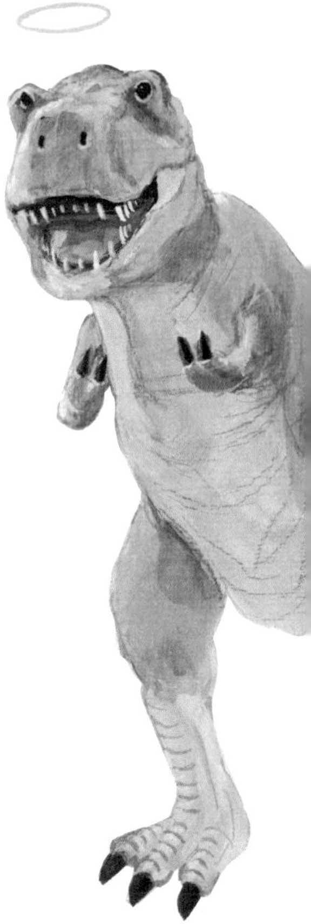

結語

本書介紹了各種各樣的滅絕理由，
大家有什麼樣的想法呢？

對人類居然製造了讓許多動物滅亡的契機，
或許有些人會感到驚訝。
但這些事都有人類記錄下來，
所以是不爭的事實。

對於絕大部分動物滅絕的理由，
我們其實並不清楚。

只是在調查化石時，會知道「某個時代曾有過這樣的動物」，或是「在這個時期好像發生過環境變化」等。研究者只不過是把這些徵兆像拼圖般拼湊起來，然後想像著滅絕的理由。

本書所介紹的動物滅絕理由，不全然都非常精確。尤其愈是遠古時代的物種，線索就愈少，研究者之間的意見分歧也就愈多。

因為如此，對於尚未揭曉的古生物滅絕理由，也可以由各位來發想出新的學理。

請務必以本書為契機，透過到目前為止的各種不同觀點來看待世界及動物們。

丸山貴史

索引（依筆劃排序）

本書登場動物

3劃

4～5劃

6~8劃

9~10劃

11～12劃

12～15劃

16劃以上

國家圖書館出版品預行編目(CIP)資料

我跟地球掰掰了：超有事滅絕動物圖鑑 / 丸山貴史著；
佐藤真規，植竹陽子繪；張東君譯. -- 初版.
-- 臺北市：遠流, 2019.05
面；　公分
ISBN 978-957-32-8540-3(平裝)

1.動物圖鑑 2.通俗作品

385.9　　108004999

我跟地球掰掰了——超有事滅絕動物圖鑑

審訂／今泉忠明
著／丸山貴史
繪／佐藤真規、植竹陽子、海道建太、味噌炒茄子
譯／張東君

責任編輯／陳懿文
主編／林孜懃
美術設計／陳春惠
行銷企劃／鍾曼靈
出版一部總編輯暨總監／王明雪

發行人／王榮文
出版發行／遠流出版事業股份有限公司
地址／臺北市100南昌路2段81號6樓
電話／(02)2392-6899　傳真／(02)2392-6658　郵撥／0189456-1

著作權顧問／蕭雄淋律師
2019年5月1日　初版一刷

定價／新台幣399元
有著作權・侵害印必究　Printed in Taiwan
若有缺頁或破損的書，請寄回更換
ISBN 978-957-32-8540-3

Wake Atte Zetsumetsu Shimashita
Sekaii ichi Omoshiroi Zetsumetsu Shita Ikimono Zukan
By Tadaaki Imaizumi and Takashi Maruyama
Copyright © 2018 Tadaaki Imaizumi, Takashi Maruyama
Chinese tradition rights in complex characters © 2019 by Yuan-Liou Publishing Co., Ltd.
All Rights Reserved.
Original Japanese language edition published by Diamond, Inc.
Chinese tradition rights in complex characters arranged with Diamond, Inc.
Through Japan UNI Agency, Inc., Tokyo